心靈財富

發現 之旅

陳漢石 著

尋找本來 創造未來

點亮心燈、發現本性、照明破暗，覺察自身與外界的端倪
離開顛倒煩惱，發揮自然潛力，創造和諧舒適的萬象
進而演化出遨遊宇宙的能力

推薦序

　　漢石師兄邀請代為作序，因年輕才疏，多次推辭，終因盛情難卻，勉為起筆，懇請諸位前賢大德批評指正。

　　靈魂之論，古今中外多有著述。漢石師兄一文，從個人實證出發，內容詳實，很有動感；論述脈絡分明，每個關鍵點必詳加解讀，讓人閱讀起來不會有深澀、空洞之感。

　　書中論點均依據傳承，與當今最新之科學之發展、認識之進步，進行對比研討，不執于古人、亦不獨重科學，將古今中外、人文科技，在一段段的語言中，自然的融為一體，讀者讀書不會感到枯燥無味，更不會被強加些許觀念，在閱讀中，跟隨作者走過一次認識自我心靈的旅程。

　　漢石師兄不執於個人之念，在著作過程中，就單一論點定當博覽群書，吸納當代眾家之觀點，將眾人之研究所得與個人之體會深度融合。書中屢次提到的《大道系列》，亦是當代少有之精彩論藏，漢石師兄引申書中至理，加之自我實踐之體驗，更令讀者在品讀之余，深受啟發，邁向自我深層智慧的開發！

　　《心靈財富發現之旅》內容引人入勝，不禁一氣讀完，其中諸多獨特的觀念令人不勝感歎，受益之余，謹向諸多讀者推薦。

——趙亮

（現任甘肅中國傳統文化研究會理事、甘肅崇心文化傳播有限責任公司監事）

今生不若此身度，來年尤是有緣人

有首偈子寫到：「人身難得今已得，佛法難聞今已聞，此身不向今生度，更向何生度此身。」我則改寫為：「今生不若此身度，來年尤是有緣人。」意思是，人世間充滿了生老病死、愛別離、怨憎恚、求不得、五蘊熾盛的痛苦。所以，佛陀初轉法輪時，勉勵世人要從苦、集、滅、道這四聖諦的道理中著手，從了解煩惱的成因，破除無明，善用方法解決問題。如果這一輩子在思想、態度和行為上沒有精進，那麼就失去了上一輩子所種的善因，枉費這一輩子生而為人。等到失去生命，才瞭解到生而為人的利便，再想修行，可能就要等到千百年之後的轉世投胎了。

有人會問我說：「你相信轉世投胎嗎？」我可能笑而不答。因為這距離科學證明，還有待時間考驗。我只能背誦一長串三字經給你聽，但是我這輩子，從來都沒有看過《三字經》這本書，更不要說瞭解上面的文字寫什麼。我不瞭解這是不是前世記憶，我只了解，三字經是南宋之後，童蒙必背的書籍，也許我前世的記憶，還沒有被完全抹滅；或是更佳的解釋，是我有過耳成誦的能力，小時候，經過路邊，有人在唸，我聽一遍就背下來了。但是，這是不可能的。

人類生存在此一娑婆世界，雖說為堪忍世界，但是擁有種種思想和學習的自由。但是，不論科技多麼進步，科學對於人類的起源，人類的自由意識的緣起，依然有種種爭

議。哈拉瑞教授在《人類大歷史》中，説明十萬年前，地球上至少有六種人種；但是，目前只剩下我們這一種人種。哈佛大學李柏曼教授認為，現代人類在十五萬年前出現，耶魯大學考古博士泰德薩在《人種源始》中認為，在認知方面，符合現代人類首次出現在歐亞大陸，應該在六萬年前。然而，所有的科學家都不能告訴我們説：「人類的認知，是怎麼來的？一夕之間，人怎麼就變成人了？」科學家常開玩笑説，六、七萬年前，當人類思維出現在地球之時，一朝之間，人類就有了認知，人類在地球旅居這一段時期，開始對於夕陽西下，慨嘆時光不再；開始思考：「我是誰？」「誰造了我？」「是不是人都會死？」「那，（開始驚懼、害怕，睡不著覺）……，我會不會死？」然後，遑遑不可終日，最後的答案是：「我一定會死。」

如今，科學界最大的謎團，就是解析大腦，從額葉、頂葉、顳葉、枕葉瞭解人的心智，以及死後的世界。但是，科學始終無法瞭解到人類之間溝通，不完全是腦部的作用。在心智的發展中，人類的記憶，似乎可以從雲端空間中進行擷取；甚至，死後有知，這些知覺，都是貯存在於雲端空間之中，等到投胎轉世之後，由雲端「下載」到腦部。這些「下載」，屬於先備知識，不是靠後天學習的。但是，目前的科技無法了解其中下載過程，還有那一夕頓悟及大腦開竅的奧秘。

人類從西方哲學，從理性主義和經驗主義不能完全得到宇宙終極答案，因為我們缺乏理性；我們的經驗受到限制和制約，經驗常常有所不足。從達爾文的進化論中得知，人

類的靈魂，無法從進化論中，從無到有。從馬克思的辯證唯物主義中得知，他可以解釋歷史的成因，卻無法解釋人心的成因。從牛頓的機械論，到愛因斯坦的相對論，無法解釋目前的微觀世界的量子世界。「為什麼我觀察了，量子世界的微粒子，要隨著我的觀察而改變？（量子有心智嗎？）」「這世界還有永恆不變的真理嗎？（為甚麼哲學已死？歷史宣告終結？）」

在接受西方科技文明和東方傳統文化的衝擊之後，「宗教」和「科學」之間的矛盾對立，始終是當前需要解決的課題。陳漢石先生在追尋宇宙真理期間，曾經寫過《來自宇宙的訊息》，他從公務界榮退之後，在中醫界執壺，用追求真理的心，尋找心靈、本性、靈體、靈界的奧秘。本書《心靈財富發現之旅—尋找本來　創造未來》，是他在追求真理的心路歷程中，剖析對於生命的價值和家庭生活的體悟。作為真理的愛好者，作者提倡的不是迷信，而是「證信」。信仰不是相信，而是要能夠證明和了悟，願追求真理者共勉之。

—方偉達　謹識於臺北興安居 2015/7/28
（方偉達　副教授／現任國立臺灣師範大學環境教育研究所副教授）

推薦序

在權威被質疑的今天，誰能說：我知道宇宙的真相？我知道如何療癒病痛？如何面對生活中無奈的壓力？如何找到心靈的寄託？

這本書不在宣稱：我發現的就是真理。作者分享的是：他尋求的過程，他的體悟，他的學習，他發現的心靈財富。他懇懇切切邀請你我，也啟動自己尋求，體悟的過程。

在這個過程中，我們能讀到如此深刻，鉅細靡遺（從自身病痛，到家人相處，事業轉變，〈第五章 我的心路歷程〉）的描述，再再激勵著我們：勇敢踏上我們自己的「發現之旅」吧！

書裡，每當讀到作者說：「面對自己最深層的感覺」，「由外在的情境，看到自己內在心性的樣貌。」我就警惕：作者正在訴說某種方法學——「面對」「看到」——他得到的效果是「將會發現時時都是轉變與成長的契機」。難怪，他能挖到「心靈財富」因為時時都是轉變與成長的契機。

如果你也嚮往這個境界，閱讀此書的時候，建議讀者把某些動詞圈出來，例如—「面對」「看到」—，好好細讀該段，品味，然後實踐，因為這就是挖寶的動作啊！而讓「面對」「看到」，達到最佳效果的是，不是費力去做，而是「放空」——書裡，充滿了挖寶的「眉眉角角」，真的非常難能可貴！不要錯過！

　　這本書適合對於靈性成長有興趣的讀者閱讀，特別是我對於作者能夠活用生活的實例、能量醫學的驗證，廣泛涉略靈界的信息，多方綜合觀察體悟的功力相當佩服。而全書文筆流暢，好讀，好懂，尤其是後記的打油詩，朗誦讀來，津津有味，再再顯示作者詼諧的智慧，透過深刻內省，渾然天成，自然流露，絲毫沒有修飾的痕跡。

　　我喜歡以英文原文閱讀「靈界訊息」（如：AbrahamHicks）而我們傳統主流教育對靈界探索不鼓勵，一般多以刻板，「唯一對錯」的態度論斷靈界。這本書的附錄，特別針對「靈界訊息」如何閱讀，做了說明，作者開明開放的態度，肯定了我的閱讀，釋放了對靈界訊息的疑慮。他寫道：

　　所有的語言文字都是宇宙的產物，都是參考性質的，都需要參悟和考證，其目的就是讓我們更貼近於快樂的真理，不陷入崇拜，也無需去責難，隨時保留一顆包容、學習的心，否則將造成自己與他人的痛苦。

　　感恩這本書的出版，帶來了靈性成長的另一契機。

　　　　　　　　　　　　　　　　　　　　　　——張雅惠

（張雅惠／多益英文檢定考滿分得主，多益題庫撰寫與師訓教授）

人生必修課

　　如果，人生是一場修練，這堂課該修些什麼？

　　如果，人生是一場修練，這堂課容不得我們選擇，而是一堂必修課。

　　終其一生，尋尋覓覓，跌跌撞撞，這堂課修得並不容易。千萬人之中，難得可以修得長一些、機會多一些、領悟深一些，但課程終究要結束，期末分數如何，也實在沒個把握。

　　就這樣，我們在這不確定、茫茫然的過程裡，面對歡愉和悲苦，用碰撞的方式尋找答案。真找到了，也就好了；但可惜，凡夫俗子的我們，大多還是後悔與遺憾。只是，人生能有幾次的後悔與遺憾？

　　很幸運的，在人生步入中年時，隨著長輩和家人來到崇心堂，在書籍中獲得仙佛恩師們的提點，讓修課的過程多些智慧，少些碰撞；即便修課過程不順遂，也能得到指引，另有一番體悟，而不是只有怨懟。只是，人的智慧有限，窮盡力氣也難以參透字裡行間更深層的智慧，也怕因此而有了錯誤的判讀。

　　《心靈財富發現之旅》是一本貼合現代人需要的人生工具書，在拜讀陳醫師的大作時，身心靈彷彿接受了治療，瞭解身體何以不適，與心、靈都有密切關係。對我個人而言，閱讀〈怎麼放空〉及〈能量怎麼產生〉是最直接受益的。

由於從事文字相關工作多年，時常耗神費心，三不五時就頭痛；有時熬夜趕案子，免不了作息不正常，一陣子之後便覺得經絡也跟著大亂，這些外顯在生活中，便是脾氣煩躁、沒耐性，做事情也就會出現誤判。遇到結果不如預期，而又認為自己已經盡力，難免會怨天尤人，歸因於運氣不好；但是在讀了這兩篇文章後，不但領悟了身、心、靈彼此相互的作用力，也得到了積極的建議，轉個方向，從自己的心性找到扭轉的關鍵，獲得更大的能量。

感謝陳漢石醫師在認真研讀後，願意無私分享其中的發現，讓後學能夠藉由陳醫師的導讀，免去茫然摸索的時間，早些找到人生課題的關鍵。但願有更多人能藉由此書，順利通過人生必修課。

——張文馨

序言

　　每個人都想追求舒適的生活，但未必如願。每個人也都曾想要搞清楚，人活著究竟有什麼特別目的，但從古至今好像也很難總結出令人動心的說法。

　　我是什麼東西？我從哪裡來？來做什麼？將往哪裡去？整個宇宙有多大？宇宙究竟在忙什麼？我為什麼有欲望要去滿足？我為什麼有那麼多疑問要去探索？還有，為什麼我知道有一個自我？為什麼人和人之間能溝通？還有，我會消失嗎？

　　這一連串的問題，究竟有沒有答案？我常覺得宇宙的道理不曾被創造，永遠也不會消失。所有消失的東西終將再現，所有出現的東西也終將消失。宇宙之所以能存在，就是因為他是存在於不停的循環，也就是生生滅滅，生生不息。

　　我也常問人，宇宙有沒有完美的一天？我的看法是，這宇宙早就經歷無限長的時空，如果有的話，那他早就完美了，所以此時此刻就是完美了。那完美怎麼還有這麼多令人痛苦的事物呢？所以改個說法，宇宙此時此刻已經完全穩定了。如蘇東坡在前赤壁賦所言：「客亦知夫水與月乎？逝者如斯，而未嘗往也；盈虛者如彼，而卒莫消長也……。」也像我常經過的一所小學的教室，多年來從牆外聽到的總是同樣年輕的笑聲，似乎不曾改變。

　　既然宇宙都已經穩定了，那萬物究竟在忙些什麼呢？我認為萬物可能都是在「迷」與「悟」之間循環不已，並依循著「物以類聚」的原則，在相應的世界中，生存、薰染、體驗、學習著。那我們人類究竟處在哪裡呢？身為人類的我們，顯然比其他物種更有思考與創造的能力，也就是人類應該是處在走向悟的環節中，有悟出宇宙真相的潛力，進而產生選擇與創造環境的能力。那該從何下手呢？

　　宇宙顯然有太多無法回答的問題，但所幸我們似乎也無須急著去解決所有的問題。因為擺在眼前的，宇宙似乎存有某種規律，而一切似乎都是自然而然的。「自然而然」這現象，即是「不能使然」，「不能不然」，他使我們有了必然的原動力與欲望，也產生了必然的歸宿，當然也提供了必然的保護機制。

因此，「悟」似乎就是要從自然下手，去體證宇宙自然而然的規律。而我們產生了「我」的感覺，並希望讓這感覺延續，顯然是自然現象。而且我們每天在忙的事當然也是偉大自然現象的顯現。自然法則是無所不在的。所以「悟」可以就近選擇從「每天的生活」下手，去體證出所有變化的根源與規律。

　　要達到此目的，我認為必須先了解人體，然而人的身軀似乎不是根源，能寄望的可能是靈體（註：無形的能量體）。因此有必要找出靈體的構造與功能，以便有朝一日我們可以駕著它，航行到宇宙的任何地方。也就是要尋找出我們的本來，才知道我是怎麼發展出來的，有什麼潛能，該如何守住，該如何開發，才能創造未來，完成每個人心中的探索本能。

　　本文記錄著多年來我探究人生的心得，尤其是 2007 年起積極追尋、參悟所得，動筆於 2012 年春，完成於 2015 年盛夏。其中除了宗教場所的體證外，多處是得力於東西方心靈書籍約三百餘冊與網路上心靈科學視頻的啟發，尤其是《大道系列叢書》、《天道奧義》、《道德經》、《六祖壇經》、《王鳳儀言行錄》、《與神對話》、《心理學》、電視弘法、靈學院課程、靈性科學與星際訊息等。這些資料姑不論其「真假」與「對錯」，皆加深了我對自己的了解，也

讓我有了一些體證，可以提供給大家參考，相互惕勵。願本文帶給渴望尋找到「人生目的」的您，健康快樂！

　　另外，本文承蒙社團法人大道真佛心宗教會及白象文化有限公司的協助，才得以順利出版，併此致謝。

目錄 *Contents*

目錄 *Contents*

目錄 *Contents*

目錄 *Contents*

第一章　尋找自己的靈魂（心靈）

第一回
靈魂存在嗎？

　　一個永遠難解的問題，人死後，有靈魂嗎？

　　假設人死後還有靈魂，那麼這個靈魂，此時此刻一定在你身上，要設法把它找出來！這樣才能知道，活著，有什麼事，是該去完成的。

第二回
靈魂藏在哪裡？

　　靈魂雖然看不到摸不著，但是若存在，一定可以從生活中找到蛛絲馬跡。藉由這些小跡象，就有希望拼湊或逼近出原貌。雖然像瞎子摸象一樣，但多摸幾個角度，把牆壁、柱子、橡皮管、繩索組合起來，再用心感受一下，大象的輪廓就浮現出來了。那生活中哪裡有靈魂的跡象呢？

　　我們每個人，都曾經有過這種經驗，在夜深人靜的時候，溫飽了以後，有時候會突然有一種，空虛落寞的感覺，讓人產生諸多疑問，卻又得不到解答。這個時候，有的人選擇聽音樂，有的人選擇喝咖啡……，反正就是會找一些方法

讓自己舒服一點。

　　其實那種感覺，極可能就是我們的最深層，也就是原始靈性的彰顯！（註：參閱《大道系列》）是我們一直忘了開發的本質之顯現，是一切作用力的源頭，也是靈魂的基礎。

　　依我個人的感受，那種空虛的感覺可能正在告訴我們，你的能量已不足了或已阻塞了，充實感已消失了……。可是我們不會知道的，通常睡了一覺後，隔天早上起來，那種感覺就不見了。由此看來睡覺有充電和調和的功用。

第三回
靈性到底什麼時候藏起來的？

　　我的一位兄弟曾告訴我，他在快上小學前，有一天突然發現，啊！這就是我爸爸，這就是我媽媽，這就是我！似乎從那一刻他才真正醒過來，區別了人我，之前他一直與宇宙一體般，這真是奇妙的經驗。我想，極可能小時候我們是活在不同的世界體驗中。

　　我認為打從我們知道自己叫什麼名字，當我們「醒」過來，懂事了，認識了這個世界的時候，我們的靈性就悄悄躲起來了，我們跟宇宙的關係就慢慢疏遠了，我們的能量也開始慢慢減少了，身體也漸漸走向衰老了。表面上是醒過來

了，實際上是跟宇宙隔絕了。

想想看，誰會記得自己是怎麼長大的，我們都是從小孩身上才能看到自己是怎麼長大的，是不是這樣？我們的記憶是不是都少了這一塊。

第四回
靈性再回到宇宙懷抱的悸動

每個小孩長大後，在歷經人間滄桑後，偶而觸景回想起，那早已消失了無影無蹤的童年，內心深處總還會有那一股悸動，而瞬間熱淚就盈眶了。為何兒時的玩伴總是那麼的可貴呢？為何故鄉的一草一木藏有魔力呢？又為何近鄉會情怯呢？

其實幼年時，雖然看起來不懂事，但是我們和宇宙是合一的，整天徜徉在宇宙能量海的懷抱中，天真無邪，無憂無慮，又有父母無私的愛心，又有宇宙無邊無際的大愛，哪一個無知的小孩不幸福呢？哪一個無知的小孩會空虛呢？因此，每當幼時的情境，再次掠入心頭，那合一的能量就伴隨著自動再現了，心靈瞬間就淨化了，難怪月是故鄉明，朋友是小時候的玩伴珍貴。

而平常大多數情況，我們只有在睡覺時，才能回到宇

宙的懷抱中，獲得宇宙能量的補充。也只有在夜晚大地休息時，飢寒解除時，心防一不注意卸下了，外放的心偶然向內一瞥，靈性才能偷偷彰顯一下。

當然，某些情境下，我們的靈性也會彰顯、淨化與充電。像參加宗教活動時，在某種能量氛圍下，常常看到有人淚流滿面；還有看到無私惻隱的感人舉動時，內心悸動，也會淚濕衣襟的；此外，深情的藝術與大地原始的能量，也能撼動人心，讓人感動莫名的。

第五回
靈性與能量

人經歷感動後，常有舒暢且煥然一新的感覺，彷彿充電了，所以靈性似乎需要能量的供給。那麼靈性能量是如何取得呢？除了「睡眠」與「感動」外還有其他方式嗎？《大道系列》有言，「空虛心靈」的障礙，可以轉換成「虛空心境」的顯現或感應，這是什麼意思呢？

我一向對能量是無感的，以前常聽人家說什麼感應，什麼氣功，總覺得有些挫折，覺得很奇怪，怎麼人家有我沒有呢？然而現在我已經體會到什麼是能量了，也學會製造些許能量。回想起來可能是透過韓乃國老師及理心光明禪師的

因緣，才開始領悟的。

韓老師說此法可稱「虛空妙傳心法」。首先全身放鬆，將心收回來，接著將心和眼睛的焦距放在雙手，隨著呼吸去感受手上氣磁場的變化，去體會它，有感覺後，可將十指視為呼吸器官的延伸，再練習呼氣時胸腹部用力推送出能量，其他部位有感覺先不去理它，持續同樣的動作。一段時日熟悉後，再對其他有感覺的部位聚焦做功。

我的體會是一切要順其自然，無需去強求，也無法強求，身體的演化是按部就班的。就像植物種子發芽，向下紮根，吸取水分和礦物質，向上長枝葉，行光合作用和呼吸。同樣的動作一直持續，就可以完成 DNA 藍圖，從小苗長成大樹到開花結果。所不同的是，人類可以透過心念意識，主動調整神經、內分泌，進而影響全身細胞的功能，而達到改造的成長。

因此，當我們與宇宙互動成長時，正確心念的秉持極重要，否則自己可能會變成不良新慣性的奴隸，也就是走火入魔，那就得不償失了。那何謂正確的心念呢？我想一體、公平、公正、清真、自然、無為、惻隱、慈悲、平等、博愛等普世價值，應該就是宇宙和諧運作的心法，其他的術法可能都是由此自然演化而出的，所謂有道必有術。

由術返道，千門萬派，萬法歸宗；由道衍術，千枝萬葉，

渾然天成；術中藏道，道中涵術，道術並行，相輔相成，相得益彰。我雖尚未跨過門檻，但隱約感覺應是如此。

舉個例子，一般人提到放鬆，就說要腹式呼吸，呼吸要細慢勻柔等，但我的體驗是，放鬆是放掉頭腦對身體的控制力，回復其本來的狀態，去感受身體內外能量和諧的狀態，如果這時身體有不當能量要排出，急促呼吸也很好，大口深呼吸也很好，一段時間後自然會轉為腹式呼吸，一切皆是水到渠成，自然演化的。當然直接從腹式呼吸下手，做到自然而然也可，只是恐怕有些人會障礙住，反而失去放鬆的真諦。因此，此處僅簡單說明，讓有心人都能透過道德演化術法，以免執障的產生。

這套心法，當初我開始學習時，只覺得好像可以產生一種氣場或磁場的包覆，並不曉得這真的就是能量，以及有什麼作用。巧的是，我是中醫師，有一次在針灸的時候，就試試看，能不能送出能量給對方。透過呼吸，我呼一次用一次力，患者告訴我是一陣一陣的，像似暖流又像電流。繼而一想，我的能耐可能不足，可能會耗氣，不如放空，讓宇宙能量透過我，滿溢之後，自然送過去，誒！患者告訴我，也有呢，像水龍頭的水一樣，一直流進去，這太好了！

而且患者告訴我的感傳路線，常常是順著人體的經絡在跑，而大部分患者當下痠痛會有些許的改善。我就想，這

能量既然可以幫忙別人，那留在自己身上，一定可以讓自己
更健康。

另外，我也曾經歷過科學驗證。有種德國製 Oberon/
MeGa 系列能量儀器，屬非侵入性，能藉由體內組織及個別
細胞所發出的獨特生物波，追蹤身體狀態。幾分鐘之內，即
可找出「器官生病的原因」、「不平衡的部位」以及「細胞
層次能量損失的狀況」。當我測試時紀錄顯示身體有多處警
示點，當下我即決定調整能量再測試，經半小時的靜坐後，
再測試時已完全正常了，實在不可思議！這次的體驗讓我見
識到了心靈能量的實質意義。

第六回
能量怎麼產生？

我曾做過這樣的實驗，這裡如果有兩把吉他，當我撥
動其中一把吉他的一條弦，另一把吉他的同一條弦也會跟著
振動。所以，宇宙能量應該是無所不在的，你之所以沒有感
應，是你沒放空，心中的心弦沒有準備好，只要你準備好，
宇宙自然會在你心中彈出美妙的音樂。

所以當你放下、放空，和宇宙合而為一，自然會感受
到宇宙能量，不用去求，只要去相印、去等待即可得。

當然放空時的存心是很重要的，心境即是頻率開關，不同的境界，其能量品質想必是不同。而所謂的放空也非全然的空，仍會感受到隨呼吸而出入的能量變化。

再深入的探討，想必第一條撥動的弦，也會因其他同頻弦的共振回饋而增強，並彼此交流，迴盪不已。因此若將宇宙看成音箱，或是所有頻率的增幅器，那麼「撥動心弦者」與「備好心弦者」顯然都能得到共振而受益，並非只有等待者。這就像演唱會時，台上台下融合為一體一般。

因此能量的獲得有兩條途徑，即「做出和宇宙合一的作為」與「體會和宇宙合一的感覺」，也就是只要心態適當，動與靜皆能相印，皆有大受益。

雖然動靜皆可受益，但依我的經驗，我們的想法實在太雜亂了，根本不知如何存心、如何作為才是好的，常常動輒得咎，所以我選擇回到源頭，從靜再出發，從赤子之心再開展，這可能就是「由戒返定再生慧」之意。

然而，生存、生活就需要有欲望，就是要動腦，又如何戒掉那想不完的煩惱而達到「定」呢？且待下回分解。

第二章

發現本心重現本性

第七回
怎麼放空？

　　我在看診時常常發現，人有兩個地方會痛，一個是頭痛，一個是心痛。想多的人頭痛，傷心的人心痛。頭腦常常在想事情，可是想是他在想，受苦的卻是心，心他沒有想啊，卻受害。

　　心受苦的人，常常會出現胸悶、脹氣、便祕、胃酸逆流、口乾口苦、煩躁、睡不好……，中醫叫肝氣不疏，肝胃不和，西醫叫自律神經不協調。我常請患者，把心放鬆……，把心放鬆……，「怎麼放得鬆！」患者常說：「做人就一定有壓力啊，沒法度啦。」我說：「頭腦看開，心就放下了，看不開是因為沒有看到事情的真相，看的不夠遠，再遠一點，再～遠～一～點～……；或是換個角度看看，事情都有兩面，這一面看是好的，另一面看就不好了，不好的，另一面可能有優點；或是出去走走，換個空間，換個環境，思想也會自動改變的；或是面朝上，深呼吸三次，也可暫時轉境的。最後就算真的找不到方法，時間久了也會因適應了而淡忘的，就不要再去強化它吧。」

　　這些想法坦白說來是有些消極，更積極的看法是，一

切都是經驗的學習，人生本來就是一連串的選擇與決定，當我們猶豫拿不定主意時，看不開時，就表示我們在這方面並沒有識種的成長，那就用心選擇與嘗試吧，唯有做了決定，才能體會並了知其來龍去脈，才有真正的進步，否則就得永遠被鎖在那一點，永遠有該項煩惱，受苦無期。

為何要用心選擇與嘗試呢？因為心雖無頭腦的分析能力，但靜下來卻能自動將下意識的庫存資料與所有的狀況套合演練，進而反映出目前屬於我們的最佳出路。雖然受限於個人經驗，用心的選擇與嘗試不見得是正確的，但卻是靈性成長必經的道路。更何況最後受苦的是心，能不多多聽心裡的聲音嗎？

再者，除了前述的處事態度外，在與他人相處時，用心也多所助益。當我們暫時拋開腦中成見，聆聽自己心聲的當下，往往能感受到他人的心聲，並體會出彼此八識田中的困境（註：潛意識的執著），此時情境會發生轉變，生出慧智，從而採取彼此皆能圓滿的作為，並促成事後新經驗與智慧的累積成長。

以上這些說起來容易，做起來卻不容易，但是常常想還是有作用的。

此外，依我個人的經驗，越想看開，越想頭腦放空的人，越放不空，只有當心放下時，頭腦就空了。也就是空空，

連空的觀念都空了，心鬆了，注意力自然離開腦，呼吸通暢了，小腹鼓起來了。因此透過放空頭腦的過程，我們會發現心的存在，與放下的必要性。

而透過放下心的過程，會發現心的前面有東西擋住，很難放下，我感覺就是恐懼失去與比較、計較的一團能量，是來自於腦的，是難以漠視的，具體而言，就是對「生死」與「得失」的看法，難以釋懷。

然而，據現今科學研究，心發出的電力是腦的一百倍，磁力是腦的五千倍。雖然靈魂的心與肉體的心位置不同，但感覺卻是相應的。因此若能體證到無形的本心是生化的源頭，有可能超越物質而存在，而且可以演化腦中的識種，讓我們更有創造力，更能貼近宇宙的真相，就不會一直流連在腦的世界裡，轉而願意給心性成長的機會。如此，來自腦部的擔憂卸下了，心就安了，心一安就能放下了。

心放下、頭腦放空，自然會徜徉在宇宙的懷抱中，而宇宙無所不在的能量也就漸漸浮現，而真實的人生也才能展開。

第八回
點亮心燈

　　大部分的人心是關著，但是他不會知道的。還有一些人心一直開著，他也不會知道的，就像呼吸空氣一樣，毫不自覺，以為大家都是這樣。

　　心的本位在哪裡呢？就在心痛的地方，就在空虛落寞的地方。在人生的過程中，心很容易受傷，因此我們就學會把他關起來，保護他，然後就麻木了，最後就忘了，只是常常覺得悶悶的，不夠快樂。為什麼會這樣？因為生存的需要，這世界目前的求生法則，和我們的心是不一致的。或者是，我們自己對世界的解讀是錯的，導致自己傷害自己的心。

　　所以，一般人都是用頭腦做決定，很少用心做決定。頭腦裡面有知識、有經驗，可判斷，心只有感覺而已啊，能成事嗎？

　　其實頭腦所看到的，通常是比較短，而且侷限在一個角度。心的能量，卻可以比較圓滿，比較長遠，甚至可以無邊無際的發揮。依我的體認，可將八識田即下意識比喻成迷宮，而心量就像注入的水，無需去思考，自然會看到水從出口流出，從而預知是否有出路。但是，塵封已久的心，可能

沒有這個功能，必須要從頭學起。

　　所以，成長的過程應該是這樣的，先用頭腦學知識、經驗、智慧，然後心累了、倦了、痛了，開始發現她，回過頭來關心她，再用她來理順所有學過的東西。

第九回
心的作用（一）向外染含因

　　當人心不安、心痛後，才發現心的存在，以及心向內的重要性，也才知道懂事以來，心一直是向外的。所以心是可以向外，也可以向內的。

　　心向外，是透過眼、耳、鼻、舌、身、意，與外界互動，收集資訊並比對，主要是頭腦工作。

　　心向內，是透過全身每一個細胞，去體驗與周遭情境能量之交流。

　　起初，每一個靈體，都是自然的向外染上宇宙的信息；也就是宇宙會自然的將一些能量模式，隨機地存放在靈體上。所以，每個小孩由於出生的時、空、環境不同，日後長大以後，知識、經驗、個性，也一定會不同。

　　因此，不論是好個性或壞個性，嚴格來說都是不由自

主的。在這不由自主的過程中，我們學會許多的事物。也因為有這麼大的可塑性，才能發展出許多驚人的能力，讓我們更認識到人類潛能的無窮。

這應該是靈體成長的必然過程，而所學的可以稱為記錄在靈體上的「含因」，以後碰到適合的環境為「觸緣」，他會立刻起作用進而「成果」的，而面對結果所採取的態度，將演化出未來的「償報」。

所以，有時候太苛責別人的個性，就顯得有些不合理。不如把每一次的錯誤轉成最穩固的墊腳石，讓自信更上一層樓。

第十回
心的作用（二）向內找能量

當人們開始認真地面對自己最深層的感覺，打開心時，世界就不一樣了。

首先，呼吸先產生變化，開始像深呼吸一般，接著漸漸變慢了，也變深了，全身肌肉也漸漸鬆了，眼睛、耳朵的壓力也漸漸解除了，大腦漸漸空了。彷彿大腦的作用離開了皮質，自動往中間收回到丘腦、腦下垂體與松果體的位置，想必這時自律神經甦醒了，所以身體就開始透過神經、內分

泌去調整不平衡的部分。

　　持續一段時日後，偶爾在很靜的時候，你可能會感覺到呼吸時身上似乎有一層氣磁場包覆著，隨者一呼一吸的動作，脹大縮小著。這大概就是和宇宙合一的現象，也是能量共振的現象。

　　記得我第一次發現能量時，高興了好一段時間，原來每個人身上都藏有寶貝。而從小到大一直有感的人，常覺得那是很自然的事，他也搞不懂為什麼別人沒有。

　　中醫講肺主氣，這氣不是空氣的氣，是氣機的氣，是指身上能量的流動狀態。氣所到之處，該處的血流較旺盛，溫度較高，細胞的功能也較旺盛。由此看來與現代醫學所言之，自律神經與內分泌，有異曲同工之妙，且兩者顯然都受「心念意識」的影響。

　　又古書有云：「聖人呼吸以踵」，呼吸怎麼會和腳跟有關係呢？另外《黃帝內經》有云：「……上古有真人者，提挈天地，把握陰陽，呼吸精氣，獨立守神，肌肉若一，故能壽敝天地，無有終時，此其道生。」

　　此外，近年印度有位瑜珈大師名雅尼，據說已七十年不吃不喝，印度科學家邀其作實驗，以監視器全天候監控錄影，二週下來發現他只有刷牙時才碰到水，平常有靜坐習慣。

可見，呼吸絕不是只有交換氧氣這麼簡單，他與宇宙能量交換及身體健康有極密切的關係。而這一切必須要心懂得向內，回到赤子之心，才有一個開始。

第十一回
心的作用（三）內外融合找至善

心向內是可以回到靈性的最初，發現能量，也能淨化靈性。但總不能整天待在裡面，一走出來，那些外染的含因、慣性還在那裡啊！不僅開口動手就錯，還會製造很多日後必要償受的苦果，備受煎熬。所以，有必要修正錯誤的含因與慣性。

然而，人世間有人說你對，就有人說你錯；有時候覺得自己在做善事，可是他人卻覺得你在造惡業，顯然每個人對善惡的觀點不同，又該如何取捨呢？

我常問人，吃東西是我們在吃，那消化是誰在消化？……是宇宙！我們身體其實是宇宙的。所以當我們放鬆時，自律神經甦醒，身體這小宇宙會與大宇宙合一。因此，合一的小宇宙平衡與否，可以做為意識活動的導師，可好好運用。

也就是，任何時空，當一個意念發生時，就可以運用

向內的心，啟動身體這個小宇宙與大宇宙合一，接著置身於這意念所產生的情境中，馬上問問你的心，心安否？感受能量平衡否？下一個意念亦復如是，久了，成為習慣後，就會時時刻刻處在內外融合的境界，而逐步開展出不造業的知識、經驗、智慧、觀念。

這時候，你所做的事並非一定善，也並非在善惡的正中間。有時候在你的觀點看來會偏善一點，有時候會偏惡一點，但對整體而言是好的。

此時的你已不拘泥於小我，而是以大我為依歸，不再以習性、慣性、秉性、個性處事，所以造惡的機會就少很多，離至善應該就越來越近了。

依我的經驗，至善與否無人可知，但學會用「心」看世界以後，可發現，執著意念的習性減少了，變得較容易轉念，因而煩惱持續的時間縮短了，心也較坦然，而人也較以往舒暢些。我想，這就很值得了。

由此可知，很多頭腦轉不動的事物，心一轉就動了。頭腦可以推導出所處時空的細節，然而心卻可變換時空。因此要好好的善待這顆心。

第十二回
心的作用（四）產生新慣性

當我體會到能量的好處後，從此，不論等車、排隊，任何空閒時間，我不再焦躁，不再無聊。靜下心來，或站或坐，就開始學習和宇宙合而為一，平衡身體能量、清除不良慣性。

一段時間後，我發現身上出了一個新慣性。有時候無意間，心就自動跑回來了，再不像以前整天在外面趴趴走，而不自知。甚至會發現，奇怪我剛剛心跑到哪裡了，突然有醒過來的感覺。

此外，可能是較少消耗，較不執著，且常常無意間充電，空虛沮喪感少很多。

還有，覺得氣較以往沉穩很多，人似乎較不會有莫名的情緒反應，彷彿周圍形成一防護網，然而卻會增加許多有意的生氣，但又不帶強烈情緒。

第十三回
隨身攜帶的財富——身、心、靈

我常問人，請問你從甲地到乙地，什麼是你隨身攜帶的？

我們人從裡向外有：靈性、心性、身軀；外面有：名、利。在成長的過程中，我們都是用靈性與心性，透過身軀，向外求取名和利。其中，名為精神能量，利為物質能量。

在這過程中，有的人很快就發現心靈的空虛；有的人也許是好福氣，一直處於快樂的情境中；有的人也許是好功夫，一直有辦法享受追求名利的樂趣，也有辦法排遣寂寞。無論哪一種人，最後總會面臨能量萎縮，身體病痛。而且追求名利越強烈的人，往往出賣太多的靈性，導致能量補充不及，身體的病痛會來得又急又猛。這時他所擁有的名利，卻無法換回他的身心靈，也許透過科技可以勉強地維持身體的運作，但生活品質已無保障了。

孔子曰：「君子愛財，取之有道，不以其道，得之，不處也。」如果我們能保持源頭活水來，在求取名利及欲望滿足的同時，能顧到身心靈的統一與協調，那該有多好。

所以，身心靈是我們隨時隨地攜帶的財富，有了他與

宇宙的連結，可無中生有創造一切，少了他，一切就沒有根基了，很快會消失的，所以很值得好好呵護。

第三章　靈體的成長過程

第十四回
靈體的構造

走到這裡，我們可以試著來畫出靈體的構造圖。肉體有構造生理，靈體想必也有。

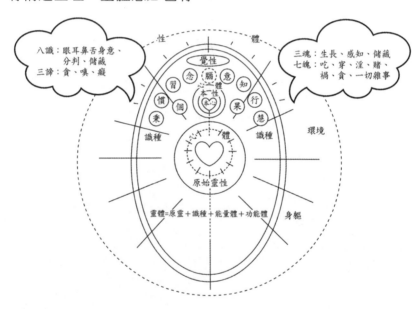

身心靈構造參考圖

原靈：

能量的收發器。即原始靈性，為人的源頭，孕育於宇宙中。
具本性，即原靈最初的感覺。

識種：

能量收發的轉換器。為原靈成長過程所染之含因，包含各種
慣性以及知識、經驗、智慧等，具有磁性，伴隨著所收發的
能量可合稱為性體，影響著靈性的能量、色澤、光輝等，決
定了能生存的宇宙空間。識種在未加入本心、本性識種前，
在佛家可區分為八識三諦（註：貪嗔癡），道家可區分為三
魂七魄，合併所延伸的各種能量體可稱後天性體。

覺性識種：

覺察、洞悉之能力。由眼耳鼻舌身五種感覺，加上思考、判
斷後發展出來的，是發現自我的基礎，可進而發現心，並認
識第六感——能量的存在。

心體識種：

記錄了心的各種能力，可創發各種心體能量。透過心體能量
的運作，即刻串聯相應的識種，同時展現了各種性體能量，
呈現了不同的靈性光輝。

本心、本性識種：

透過心體識種驅動了各種心體，發現本心心體並重現和宇宙

合一的初覺，因而產生了本心、本性識種。此同時也再度創發了先天性體。

其他識種：

即當下的心、念、意，所有的習性、慣性、秉性、個性，以及知識、經驗、智慧、成就……，其中識種無止境提昇的關鍵是，加入本心、本性識種後，進入性性相投，即先天與後天性體串聯的成長。

靈體：

原靈 ＋ 識種 ＋ 能量體 ＋ 功能體。識種含無明時被染的識種與覺醒後開發的識種，能量體與功能體則由心識所執持或創發，脈輪、經絡系統及各種性體即屬之。成長的靈體其能量可擴及身軀之外。

心的本位：

可感受能量充足與否，可感知當下活躍識種是否阻塞能量循環。

身軀：

只要心體、識種、性體改變，身軀就跟著改變。

修行：

（一）放大優良識種，縮小不良識種，保持謙虛，隨時「修改、增添、重組」識種，以減少造業，離苦得樂。

（二）具體的說法是，用「眼、耳、鼻、舌、身、意、分判心」七個工具，去經營「好吃、好穿、好淫、好賭、好禍（註：指好負面思考，看似保護自己，實際上是傷害自己。）、好貪、好一切雜事」七大慾望，進而發現第八工具——識種的存在，並創造出第九工具——本心識種，透過本心從識種田中相應出本性的輪廓，也就是原始的能量感覺。由於每個靈體的經歷不同，所存有的識種不同，故描寫能量感覺的內容必然不同。經由本心本性識種的創發，能量將源源不絕，而智慧也將源源不絕，從而七大慾望獲得更深一層的進化，達於不造業的真實美好境地。

（三）也可以說透過貪嗔痴的演化，從好壞是非善惡的自性出發，進而發現真如佛性，再過渡到真如魔性，最後來到法性真如的自在。

（四）以現代的說法，即是經由知識、經驗、智慧的學習成長，提昇心胸、眼光、度量的究竟圓滿，若對應到靈體的構造，可看成連貫個己小宇宙之心體、識種、性體，進而串聯大宇宙的無盡成長。

第十五回
靈體的成長過程（一）染與執

接著，試著來回顧一下，我們的成長過程。當一個原靈，第一次出現在宇宙中，他應該是沒有判斷力的。只有自然的本性，隨所處的時空，被染出各式各樣的習性、慣性。就像剛出生的嬰兒一樣。

經過這初染的階段後，被動擁有了一些基本的能量輸入輸出系統，也就是識種。識種是有磁性的，可相吸相斥，因此就開始和周遭互動了。透過能量共振，物以類聚，系統開始自動建構與增強了。

從此，心常離本位，能量常用於被染識種創造出的世界，而本性宇宙能量的吸收就逐漸減少了，但靈體自己並不知道。且如滾雪球般，越染越多，慣性越強，執著越深，能量消耗也越多。依照物以類聚的原則，他就只能生存於特定的宇宙空間。

第十六回
靈體的成長過程（二）痛與醒

　　當靈體有幸出生為人後，繼續染與執，學會了「眼、耳、鼻、舌、身」的運用，學會了大腦的思考，及各種技能。因此，大部分時間，心常活在大腦識種所創造的情境中，雖如此，當大腦牽動引起總能量不足與阻塞時，心仍會悄悄回本位，讓人感受到疲倦或悶悶不樂。累時，人們就休息一下；悶時，人們就調劑一下。

　　雖如此，但也還不能認清心的存在與心的作用，只停留在心的感受而已，也就是心還是被動的，還處於醞釀成長的階段。

　　又獲得他人的認同及物質，似乎是很大的能量收入。在這向外競爭求生存的實相世界裡，「名」與「利」是大家追求的，擁有較多的人似乎較愉快。所以，每個人都想追逐財富，也希望有朝一日站在人家前頭，獲得他人讚嘆能量的投射，減少別人看不起能量的投射。然而第一名永遠只有一位，最後所有人都陷入永無止境的比較與計較，連休息都不敢休息了。也就是：大家都在比較生活，很少人真正在過生活。

　　終於有一天，由於他的競爭力強，競爭對手也越強，消

耗能量也越快，突然身體的病痛襲擊了他，跟著心就倦了。

此外，在這二元相對相生的實相世界裡，所有的事物終必消長不停。因此，任何人所追求的，有一天終必落空，此時心痛了，接著身可能就病了，頓時也會覺得全世界都遺棄了他。

心痛了，**覺醒就準備開始了**。然而當事人若一直怨天尤人，怪東怪西，機會就流失了；如果能坦然面對，接受它，認為這一定是必然的結果，進而去思考所有事物的來龍去脈，找尋根本原因，就會發現自己對宇宙真相的認知，從一開始就是錯的。

若努力尋求會發現，被我們深埋的心，他不曾停止作用，他暗暗的不安與疲倦，就代表我們的自律神經及內分泌，正暗暗地受干擾。這不平衡的能量久了，身體就開始代償以自救，而我們就稱它為自律神經不協調了，再不調整生活，自然很多細胞的環境被破壞了，疾病也就發生了。由此可見，向著大腦的心，是無法照顧身體這小宇宙的，而所追求的名利也會變得毫無意義。

一棵樹，花果掉了可再生，但根乾枯了，就沒有夢想了。同樣的，人的心痛了，心死了，能量低下了，氣不足了，身體就凋萎了。

第十七回
靈體的成長過程（三）重生

　　覺醒中，經由洞察力發現了心的重要性，進而由心中開啓原靈本性的大門，與宇宙合一，自律神經協調，呼吸順暢，就有機會體會到原始能量的感應或感動，與內心的平衡與輕鬆。依我個人的經驗，一旦發現自己身上居然藏有這樣的寶貝，是沒有人會願意再失去它的，是不需要他人說服的。

　　從此他知道，不論做什麼事，這源頭活水的感覺是不能捨棄的，行事就有了新的準則，會時時問心無愧，心安理得，走出一條將來較不會後悔的路。而以前所學的技能無需丟棄，只需重新組合創造，這就是重生了。

　　此時心的存在已被確實認知，而其自主性也增強了，不再是識種的奴隸，已能隨時創造與調和能量來圓滿識種了。當然這過程絕對不是直線的，會有起伏的，但理應是會漸入佳境的。

綜上所述，靈體的成長可分三階段：

1. 先染識種，與他靈區別，縮小成小我，且發現小我。

2. 接著發展小我，碰到瓶頸，回頭發現本我（註：支持小

我生長的能源，即原靈）。

3. 最後將小我與本我合一，將所有的識種成長到無瓶頸，
充滿正能量，呈現大我。

第四章 展開新生活

第十八回
能量看世界

　　既然每一個原靈，都染有識種，而識種有磁性，可產生能量，遇到適當環境就會起作用，而產生心念和動作。那這世界就可看成「物質能量」與「識種能量」交會共振而成的能量之海。

　　俗語說：「知性好相處」、「因人任事」、「江山易改，本性難移」、「福地福人居」、「個性改變，命運就改變了」；還有陶淵明的《飲酒詩》：「結廬在人境，而無車馬喧，問君何能爾，心遠地自偏。采菊東籬下，悠然見南山，山氣日夕佳，飛鳥相與還，此中有真意，欲辯已忘言。」這些都是觀察到能量世界的智慧之語。

　　另外，從每一個人的外表，也可以看到宇宙存在他身上的識種是何？每一種表情是一組識種的組合，可牽動每一條肌肉的張力，而肌肉是附著於骨骼上的，時間久了肌肉、骨骼的形狀必然改變，因此臉型就跟著轉變了。所以從一個人的外表，應該可以看出他一生的際遇，也就是每一張臉龐，都是宇宙和當事人合力且長時間，慢慢雕刻出來的作品。

看著每一張臉龐，讓人彷彿走進時光隧道，隱隱約約看到了一段感人的故事，一個家族的傳統，與一個純潔靈魂的奮鬥史。

第十九回
遠方的懺悔與祝福

我們常無意中傷害他人，事後又找不到機會道歉。若能以能量看世界，就能發現宗教中早已有方法可補救。祈禱、懺悔、感恩、祝福即是。

在真誠懺悔時，我們的心會深入八識田，或稱潛意識，此時相關的識種會重新調出來整理，產生的新能量可能就會起作用，就算太微弱當事人沒收到，但下次有機會碰面時，它會產生前導的相應，無形中一切會有轉圜的餘地。

現在這世界，大家常覺得生活有壓力，很辛苦。生在台灣，上一代的人常說：「拚生拚死總是為了三餐！」可是現在大家幾乎都有三餐吃了，還是在拚生拚死，這世界彷彿沒完沒了，人類好像沒有幸福的一天。如果我們真的覺得痛苦了，那從今天開始，我們是不是每天撥一點時間，想像一下美好世界的長相呢？為世界祝福一下，就當成對世界、對自己盡一點責任，相信無形中在能量海中會匯集成一股力

量，而世界的改變真的就發生了，這不是很好嗎？就怕我們
腦海裡根本勾勒不出理想世界的圖形。

到底有沒有慾望可滿足又能和諧的社會？如果我們想
不出來，那我們的起心動念，就只有讓這世界的壓力加深，
一代傳過一代。

第二十回
人有自由意志嗎？

意志怎麼產生呢？依我的觀察，當宇宙能量透過每個
人使用感官的慣性，以及思考與判斷的慣性，輸入到識種
區，心念便反射產生。這時思想、言語、行動隨著就發出，
並改變了當時的時空能量，接著下一個能量又進來，如此不
停地作用著。

表面上我們是有心念，有意志，其實卻是慣性的作用，
這就是輪迴的本質，我們被鎖在有限識種的能量循環系統
內。那該如何突破呢？

要突破有限識種的障礙，除了多聽、多看、多想、多做、
多走動、多接觸，多累積經驗以外，也可以運用與生具有的
本性。也就是當心念產生時，馬上覺察，並透過本心將其送
往更深處——本性，檢查一下，再送出來，此時心念可能就

不同了。不當因果循環可能就此切斷,而該識種也獲得了進化的成長,下次再碰到同樣的情境,會更有智慧。

　　另外,還有一種情況,是令人難以捉摸的,是更深層的。也就是周遭的情緒能量可能會直接作用在我們心的本位,讓人共振出同樣的情緒。因此,當我們無端的感到沮喪時,宜靜下心來,不需去思索,直接進入宇宙合一的空性狀態,等待不良情緒能量得到撫慰而轉化,如同湖面的漣漪,終將平靜。這就像掃樹葉一般,明明掃乾淨了,可是不知道什麼時候,不知道從哪裡,又飄來樹葉了,所以「掃地,掃地,掃心地」,需要形成一種慣性。只是並非真的去掃什麼,而是時時維持其清淨不沾染,**讓能量自流轉**。

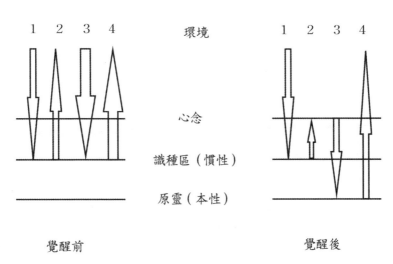

心念轉換示意圖

第二十一回
起心動念的重要性

為何修行人常説:「不怕念起,只怕覺遲。」因念起
還未發出時,能量尚少,他人還不容易覺察。若一旦發出,
就會產生循環的作用力,也就是造業,同時也會對相關的識
種加減分。

一次的加減分是很少的,但無意中持續累積,該識種
會發展成為很強烈的種子因,也就是慣性的產生。從此,人
們將不知不覺地受其擺布,而命運的走向也受其影響。

同樣的,若能把握每一次的起心動念,時時關照它,
久而久之,識種改變了,也會形成一種好的新慣性,不知不
覺命運就改變了,毫不費力的就能讓生活更美好。滴水穿石
的現象,正可用來説明「起心、動念、入意、藏識」的過程。

雖然有人説,要達到滴水穿石,那得經過萬水千山呢。
其實沿途風光好,一開始做就會有好的回饋,會有吸引力
的,會讓你扶路唱樂,不覺至南門。因為「石」若比喻為帶
來痛苦的頑固識種,「滴水」就是日常生活中,起心動念的
點點滴滴。如果你知道每一次的起心動念就是在解除未來的
痛苦,增加幸福指數,不僅不會覺得枯燥無味,還會想好好

把握每一次稍縱即逝的機緣。

第二十二回
主人或奴隸

人有本性，但是大部分人都不知道，同樣的人有慣性，很多人也沒發覺，以為本來就應該是這樣，直到有一天他的心空虛了，心痛了，身病了，才驚覺不對，開始向內探索。

當他找到本性時，會發現原來他身中還藏有這一樣寶貝，此時才有辦法把本性和慣性區隔開來，才知道一直以來他都是把慣性、個性當作是唯一的自己。誰攻擊到我的個性，就是攻擊到我本人了。

其實，這些慣性都是不同時空因緣染上去的，而我們也一直在當慣性的奴隸。慣性本身沒有絕對的善惡，都是生存、生活的技能，都是宇宙能量的儲存所。

而當我們找到本性，時時關照，產生新慣性後，舊慣性並不需要丟棄——因為丟棄可能一切又要從頭開始——而是將他們轉為各式各樣工具，也就是我們會從慣性的奴隸，變為慣性的主人。

因此，當我們想批評他人時，我們僅可批評他的慣性，

不能汙衊原靈的自尊，因為原靈是和宇宙一體的，和你和我
都是一體的。甚至連慣性都不宜批評，因為這是宇宙儲存在
他身上的能量，我們僅能依自己的經驗告訴他，如何轉化與
運用此能量，讓他帶來彼此的進步，因為這能量海是大家共
存共榮的。有云：「我反對你的意見，但我尊重你說話的權
利。」如果你不尊重，宇宙的能量如何流動？如何和諧呢？
如何演化進化呢？

<h2>第二十三回
眾生平等</h2>

修整慣性，有兩個很重要觀念，一是「眾生平等」，
一是「修持平等」。

眾生平等，前已多次述及，就是要認識，人人有一原
靈，具本性。而所擁有的識種，也就是慣性，是無明時被動
染上的，有無窮的可能性。

其中每個人的本性永遠不會受影響，隨時與宇宙合一，
只是被掩蓋住了，找到本性，透過本性識種的創發，人人都
可以發揮無限潛能。而所有曾經加上去的識種，都有助於覺
醒的到來。

因此，所有的人都有無限的可能，都很值得期待。有

此觀點，人就不會有不平等心，不會有比較心、優越心、高傲心，輕蔑心。

又從另一角度來看，如果我們有輕賤他人之心，改天被他人超越，就會有被輕賤的感覺。相對的，如果我們有過度崇拜他人之心，改天超越他人良多，若他人不崇拜你、不尊重你，必感憤恨不平。更何況一切都是循環的，有時也會莫名其妙的高下顛倒。由此可知，愛強與恨烈常是同一人，而驕傲與自卑也常是同一人，崇拜與鄙視常是同一人，諂媚與傲慢亦同。

所以當下一定要認識眾生平等的真相，明瞭本心本性的潛能，自然不會捲入情緒反覆的漩渦，自然會有平等心、互助心、讚嘆心，也就是：平等心認識每個人平等的潛能；他人遭難時，互助心認識每個人都會碰到難關，本該相互幫忙；他人順遂時，讚嘆心懂得欣賞他人當下心性的保持與新技能的成就，同時獲得他人優良能量的印心與成長。

第二十四回
修持平等

接著來談修持平等，修持就是為了身心靈的成長，為了離苦得樂，可分四個階段：慣行→行善→行道→道行；也

可分：有所作為→有為→無為→真無為。那該如何下手呢？

　　修持一定是由自己的性向、興趣著手，才會有強烈的動機與行動力，不是從選擇所謂的高低優劣法門來開始的。

　　而修持過程中所遭遇的事物，正面是提昇，反面更是刻骨銘心的成全。當一個人受過挫折後，他反過來朝向正面的力量會更強。例如，告訴小孩子電危險，不要靠近，說半天的效果，可能比不上有一天他不小心被電一下的效果。

　　有此觀點，就不會隨意批評他人信仰的對錯，因為每個人都有適合自己的成長過程，有的人選擇加入宗教團體，有的人選擇不加入。且每個宗教也都有優缺點，正是萬教齊發，各度有緣，正面提昇，反面成全。

　　因此，修持是平等的，宗教也是平等的，都是靈體依當地風土人情，依性向、興趣選擇的一個歷練過程。只要是慈悲、平等、博愛的，就值得相互讚嘆與肯定。我們就彼此祝福吧。

第二十五回
自然而然

我曾問人有關宗教的問題：天父為什麼要造人？又為什麼發生那麼多戰爭？還有，皇母為什麼要放下原靈，看著原靈沉迷又喚不回，天天倚閭盼望，傷心落淚呢？這些問題一旦被回答了，馬上又可被往前追問，最後可能不歡而散，因為彼此都不能完全接受對方的看法，最後都卡在個人不同的體證上，而且越說會越急越大聲，彷彿自己的生存已受到嚴重的侵犯，所有的一切信念即將要崩盤一樣，難怪很多場合要求不談宗教和政治。

可見信仰是每個人立命的基礎，是一生所有痛苦經驗的歸納與結晶，都是有因有由的，是他的根、他的本，如果我們不能尊重每一個靈體的體証，那哪一個靈體會尊重你呢？

然而，不面對行嗎？雖然可以選擇異中求同來相處，但內心深處若沒有真正的肯定對方，可能在每一次的交流中，有意無意地對排斥他人的識種加分，如此，當時空因緣來臨時，激化是難免的。

那要如何尊重對方呢？可能要有適當的時機，體會彼此的心路歷程，沒有對與錯，只有因為所以，一定要相信我

們這靈體，如果成長歷程和對方一樣，結果是一樣的。因此，為了和諧，我們每個人都有義務，學習從對方的角度看世界，也分享自己的經驗予對方，如此，彼此內心深處才可以真的放下來。分享時不要有說服的意念，而是設身處地，試著用他人的識種來發展出新識種，否則就要再一次體驗無效果的口舌爭辯了。

那在宗教信仰方面，究竟大家能不能相互讚嘆和肯定呢？是不是有大家都能接受的說法呢？宗教間是否能融合出，對宇宙架構的共同看法呢？我想在科技文明的今天，地球村已儼然形成，而人類經過頻繁的互動，意識的交流，與科學觀察的協助，融合出大家都能接受的信仰體系，也就是「科學宗教」，應該是遲早的事了。

在這方面，也許《大道系列叢書》的說法是有幫助的。其中對星球及萬物的生成是這樣描述的：宇宙大道是自然而然地孕育諸星球，達到公正平等的運轉；也是自然而然地孕育萬靈，來達到提昇超越。這種說法似乎比較合乎現代科學的觀察，宇宙高靈應該就是自然而然地運用自然而然的宇宙法則。

宇宙法則應該就是一體的公平、公正、無私、無為的運轉力道之傳播，而宇宙高靈含括最高主掌，則應該就是順著宇宙法則而呈現出清真、自然、無為、惻隱、慈悲、平等、

博愛。那我們人類是否就不用整天擔心天堂、地獄、審判、懲罰，只要學習天地日月星辰「平衡的運轉」與「無私的映照」呢？也就是守著宇宙的公理，守著放之四海皆準的規範，進而達到內外合一，和而不爭，輕鬆喜悅，又能興盛繁榮的境地，這樣不是很好嗎？

第二十六回
生存就是修持

人生有兩個大漩渦，一個是生存的侷限，一個是宗教的束縛。

生存當中，吃喝拉撒睡，生老病死苦，到頭一場空，究竟忙什麼？忙、盲、茫，忙得不可開交。入了宗教，心中有寄託，目標很明確，然而教理多，這錯那也錯，苦、哭、枯，綑得難以解脫。

其實，不管有沒有入宗教，都要生存。生存就是修持，修持就是修整我們識種的不足、欠缺與錯誤，修持的目的就是改除生存的障礙，改除的過程就是生活。因此，修持是一件賞心悅目的事情，要越修越快樂才是。

以能量看世界，每日生活中所碰到的事物，都有原因的，儘管我們不知道。當我們碰到事物時，一個反應馬上跳

出來，一跳出來我們深藏的識種就現形了，機會來了，這時好好關照一下，自己喜歡否？這含因有沒有修整的空間？有！檢討一下，當下調整一下，沙盤推演一下，滿意一下。那下次再碰到同樣的狀況，反應自然不同，不用老是在那一點輪迴，很快就可以進入下一關，直到透澈其來龍去脈為止，這就是修持。

同時，這也是消業。業就是未圓滿的事物，有遺憾的事件，分裂的雙生能量，一直儲存在能量海之中，當因緣俱足，碰面時，兩造的能量將有機會中和而圓滿，讓彼此皆放下、皆解脫。所以每日我們都是在消業中，也是在完清因果當中。有云：「隨緣消舊業，不再造新殃。」這是很傳神的描述，可警惕我們要把握機會，要圓滿。

因此，生存就是修持，生存的提昇就是修持的提昇，生存的圓滿就是修持的圓滿。

第二十七回
佛性與魔性

有云：「佛性中有魔性，魔性中有佛性。」又云：「佛性彰顯，魔性就彰顯。」這究竟是怎麼回事？《大道系列》的說法很值得參考。

佛性中為何藏有魔性？我執。魔性中為何藏有佛性？慈悲。當我們慈悲心大發時，若陷入我執，就會在善中造惡業。所以必須要在一次次的佛性彰顯中，化消一次次的魔性彰顯。

我的解讀是，當你本性彰顯、佛性彰顯時，所產生的動向，是屬於當下時空的展現，當你形成思想、言語、行動時，時空因緣可能又轉變了，若一味前進，有可能就造業了。所以你得常常彰顯，直到成為慣性。就像寫書法，你無法先決定哪一筆該畫在哪裡，每一筆畫出後，就會自動帶出下一筆的走向，而心中讓全文平衡圓滿的感覺不曾改變。而此一同時也可發現任何舉高、耀心或傲心也是一種很細微的魔性，會讓自己脫離宇宙的懷抱，而入於患得患失的折磨情境，無法自在表達。

另一種說法是，佛性彰顯指的是進入了「深層意識」，從內向外發光，因而自動映照出「深意識」——八識田，此時過去老本性（註：識種區）的能量被加強、放大，由於必然藏有不圓滿的識種，因此表現出各種的欲求執著，讓我們的心不得安寧，進而加速牽動不良因緣果報的到來，也就是魔性彰顯了。

何謂魔性？魔性就是會讓我們磨心、磨性、磨脾氣，又求不得的識種，也就是不合宇宙公理的想法。因此當佛性

彰顯時，也就是檢討識種的契機，若能保持尋求圓滿的心態，魔性就化消了。而此修整後的識種會儲存回來，下一次碰到同樣狀況，就可順利轉換進入下一步驟，當然下一步驟同樣的流程會再現，一直到所有的識種圓滿，一直到這種心性成為一種慣性為止。也就是每個靈體必須經歷：自性→佛性→魔性→法性。

第二十八回
平衡守中

　　守中者，守住不偏不倚的中道。然而每個人的經驗不同，標準不一，因此這種說法常讓人覺得空幻，無所適從。那該如何守呢？

　　電視上常可看到高空走鋼索的畫面，表演者抓著平衡桿，或張開手來平衡，以維持過程中重心在鋼索兩側小範圍內波動，其中重心剛好落在鋼索正中央，也只是一瞬間而已，如此即可安全的走完全程，這應該是守中最貼切的詮釋。

　　所以守中不是指不偏善，不偏惡，在善惡的正中間。因為環境是不停變化的，時空一變，雖同一作法，其善惡的評斷也會不同的。更何況善惡涉及個人觀點，每個人對一件

事物的善惡觀點常不完全一致，這與他的識種與環境有關。因此守中的關鍵點應該在「維持平衡」，不僅自己的平衡，也涉及到全體的平衡。一個只顧自己平衡的人，是無法長久維持的，而且若偏離整體的平衡越遠，將來被迫修正的力道將越強。

《大道系列》有云：「入中道還要離中道。」我的解讀是，入中道，就是在當下的時空環境，感受自己與他人及周遭觀點所產生能量之平衡，採取了某一不偏不倚的行為，藉以修正偏離的現象。離中道的意思是，不能陷於該行為所動用的識種中，因為時空是流轉的，下一刻又會出現新的偏離。因此每一次行為的源頭，都要從不思善、不思惡的本性中，再動用識種，重新出發。如此一出一回，一出一回，出的是走向中道的行為，回的是平衡的源頭。

孔子曰：「喜怒哀樂不發謂之中，發而皆中節謂之和。」即是平衡守中的寫照。喜怒哀樂不能壓抑，它是能量流動的現象，是宇宙的自然戲碼，然若能發而中節則能達到平衡而無害。

第二十九回
本性識種彰顯

　　本性識種彰顯有二條路，一是由外而內，再合一；一是由內而外，漸合一。兩條路所花的時間，應該差不多。

　　心與性，兩者本是相輔相成的。心可變化不停，性可忠誠付出。我常提到張三丰學太極的故事，故事真假姑且不論，但似乎很能讓人領會其中含意。據說，他在武當山上勤學太極劍，招式學到七、八成，師父暗中看著很讚許，要他繼續用功。當他全記熟了，很興奮的跑去演練給師父看，師父說：「不行！不行！」他百思不得其解，回去，日也練夜也想，突然有一天，他招式全忘光了，但劍仍繼續使著，他有點慌，跑去找師父，師父說：「成了！」原來這時他的招式雖非太極的固定招式，但總離不開太極的意，也就是招招都是太極。這應該可以用來說明，由外而內再合一的過程。

　　一般的學習過程，要達到最高境界似乎也都是走同一條路。先從基礎學起，學到最高技巧後，要忘了所學的，回到赤子之心，這時就能隨著當下，自然應合出該使用的技巧，看似無章法，卻又應化無窮，渾然天成，這應該就是藝術的最高境界。

另外，由內而外漸合一，可舉六祖慧能的故事。六祖有云：「迷時師渡，悟時自渡。」悟什麼呢？就是悟自性本自清淨、俱足、能生萬法……。又云：「悟後起修。」修什麼呢？就是修自性能清淨，又能生萬法，不著有，不著空，應化無窮，來去自如，萬事無礙。

所以千門萬教，所有的學問，無非是要讓人體會到宇宙的大道，讓人從「被迫、對立、競爭、占有」的痛苦中解脫，回到「自主、合一、創造、享有」的喜悅中。

第三十回
佛家的心念意識

佛家講：「萬法唯心識。」有起了心，動了念，入了意，藏了識。該如何認識呢？

首先，我們人有五根（註：可看成是無形能量的五官），從五個門出去，分別是「眼、耳、鼻、舌、身」，染了外面的塵，分別是「色、聲、香、味、觸」，而引動了五識。

第六根，從「意」門（註：指腦中的思考）出來，將前五塵所引動的識種，慣性的思考一下，產生了「法」塵，稱第六識。

　　然而為何會啓動這六識？一定有一個初始的源頭，即周遭的氣磁場引動了靈性當下的氣磁場，連動了當時的淺層意識，此同時反應入心，産生心情，並牽動了我們的念頭。

　　接著很快的第六識傳與第七識，開始分判要不要處理，也就是「起了心、動了念、即將要入意了」。

　　若第七識決定要處裡，便傳與第八識，引動了過去相關的識種含藏，也就是「心王」，開始在第六、七、八識間來回運作，産生各種方案，一旦選定了，即「入了意」，並回傳給第六識，向外帶動「眼、耳、鼻、舌、身」的行為，同時也加強或減弱了第八識相關識種的再現性與圓滿性，也就是「藏了識」。

　　這其中起了心，動了念，即初心，也就是啓動心情，運作了第六識的思想；入了意，即第二心，也就是第七識來回比對，醞釀定案的運作；藏了識，即第三心，也就是八識田取用、修整、儲存的作用。

　　當然過程中也可經由覺性的開發，選擇第七識在判斷時，啓動無念的本心，創造新的氣磁場，也就是無住生心，讓前六識産生更深一層的解讀與作用，甚至進入和宇宙最圓滿印合的境界，從而帶動出當下較適切的作意行為，而這可能就是「不怕念起，只怕覺遲」的深意。

　　所以佛家所談的心靈成長，就是有了覺性，覺察到八

識的過程，並「轉識成智」，也就是當自己的主人。

　　將前五識轉為「成所作智」，再不是無韁的野馬，也就是感受所有五塵，但隨心取捨，隨心運用，並能轉化出和諧的五塵。

　　將第六識轉為「妙觀察智」，非任由舊慣性擺布，而能覺察出現象中，所隱含的意向。

　　將第七識轉為「平等性智」，即分判時不再僅以小我為出發點，重複造業，產生痛苦，而能考慮到陰陽五行一體的平衡，從而選擇適當的動向。

　　將第八識轉為「大圓鏡智」，也就是有了全部角度或觀點的來龍去脈。

　　至於要當自己的主人，則需要再深一層，體會八識的源頭，亦即本性，並轉為「法界體性智」，也就是體證原靈本性的不染，能生萬法，並知曉宇宙各生存空間所需的識種群。

　　而最深的則是「一切無礙通遍智」，「法界智慧通遍智」，「圓滿無缺法界智」，「如來如去智」。覺察了一切智慧的源頭並應用自如。

　　以上是我對《大道系列》相關說法之解讀，僅供參考。下圖為八識作用參考圖。

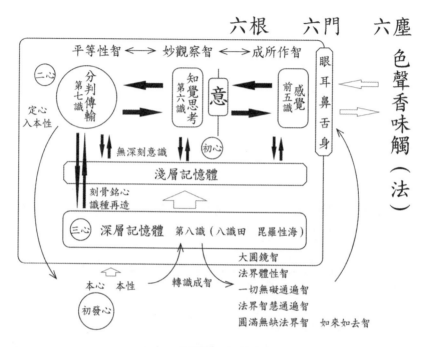

六根　　六門　　六塵

八識作用參考圖

第三十一回
道家的三魂七魄

道家講：「練魂制魄。」三魂七魄合一體不分散。該如何認識呢？

三魂，即生魂，覺魂，主魂。生魂主生長；覺魂主感覺；

主魂，一般也稱靈魂，即佛家的第八識，內含靈體的所有紀錄。

七魄，即「尸狗，伏尸，雀陰，吞賊，蜚毒，除穢，臭肺」。其功能為將外界的能量吸入，好的留存，不好的排除。另其個別也有特殊功能，即「好吃，好穿，好淫，好賭，好禍，好貪，好一切雜事」，其中好禍較無正面效益。

據《大道系列》的說法，人死後，七天走一魄，四十九天七魄全離開，生魂與覺魂在人間一般也僅留存六十年或一百二十年就消失了。若修成之人，三魂七魄可不分散。由此看來，每個小孩出生時特性就不同，可能就與所帶來的秉性，也就是主魂有關。而這主魂附於原靈，就等待與某一世的二魂七魄融合而覺醒，達到身心靈合一，我即天地，我即眾生，我即宇宙，方可自在逍遙。

若與佛家及當今科學所言對照，覺魂等同前五識，掌感覺，在大腦中有專屬區塊；生魂等同第六識加第七識，與思考、判斷、暫時記憶有關，可能相應在大腦皮質，尤其是前側的額葉；靈魂即主魂，為第八識，與情緒、深層記憶有關，可能相應在間腦附近，包含丘腦、邊緣系統等；而更深一層為掌握「原始靈性」的本心本性識種，可稱能量軸，從胸腔某處連接到大腦，其根可深入腹腔，與心肺功能有關，可調整能量的進出，其中繼站可能相應在丘腦及腦幹之生命

中樞。

若與現今心理學對照：前五識為感覺，第六識為知覺，第七識為型態辨認，第八識為分類儲藏，再更深一層為人本主義的積極主動力量。

此外道家所言的七魄應該是類比於佛家所言的貪嗔痴。由此推論各宗教門派以及科學、哲學皆在努力地探討心靈，僅是切入的角度不同而已。

而道家所談的心靈成長，認為魂主靜，魄主動。因此要覺醒魂魄的功用，使魄從好外、好動、好鬥，轉為己用。尤其是第五魄，蜚毒好禍，將其逆向操作，將有意想不到的體驗。其法門也是從「心、意」下功夫，從每個起心動念下手。

由於心如猿，變化不停，到處攀緣；意如馬，易縱難收，奔馳不羈。因此要從鎖心猿，栓意馬，練到伏心猿，馴意馬，而不是當心猿意馬的奴隸，被拖得團團轉。也就是練到三魂七魄合一，心猿意馬為我所用，隨時得到本心本性的祝福，能量提昇，靈體得自由。

最深要練到「致虛極，守靜篤」，通貫源頭，一切收放自如。

以上是我對《大道系列》相關說法之解讀，僅供參考。

第三十二回
身軀的妙用

有云：「人身是一個小宇宙。」宇宙包含「無形的能量世界」與「有形的物質世界」。而人身也是，有肉體和靈體。其他維度空間可能有些就只有靈體。

另一種說法是，人體百分之七十是由水能量所組合，地球也是，而宇宙也是百分之七十的黑暗物資，因此可相互串聯。

那這麼可貴的身軀是如何成的？它是 DNA 接受環境能量波動而成長的結果。這些能量遠的來自於夜空中，看得到的與看不到的所有星球；近的來自於太陽、太陽系行星及月亮等；更近的來自於地球的環境、所有人物的意念；當然最近的是，我們日常生活中所接觸的環境和人事物；最後還有我們的原靈和識種。

因此身軀其實是受惠於所有的外在，相對的也受限於所有外在的影響。由此觀點來看，其實我們的身體大半是宇宙在維護的，我們只貢獻一小部分力量。又如果我們總是不聽身體的聲音，所貢獻的常常也還是破壞的力量。

由此看來，身軀就能有許多的妙用。它可以讓我們體

會到，無形世界的心念啓動，究竟對實相世界的肉體造成什麼影響。因此，可明確了解到因果之間的來龍去脈，從而透過肉體的回饋，修正思想觀念來改變因果。尤其是刻骨銘心的感受，往往能讓我們體會到何謂正道？因此雖然付出了代價，但對思想觀念的淨化有時反而幫助會更大。而透過思想的淨化，靈體才可能找到本心及原靈本性。若只有靈體沒肉體，就難了。

又人體也是一部發電機，可發射電波和念力，也可吸收宇宙的能源，以充實靈體。

此外，人為萬物之靈長，有完整的三魂七魄，有思考，有判斷，因此透過肉體的生存，靈體可學會很多的技能。

綜合上述，有了和宇宙相應的人身，靈體較容易淨化八識，找到本心及原靈本性，發現宇宙大道，提昇能量，開發新識種，並發展出許多不造業的技能。

第三十三回
德與能量

《六祖壇經》提到一個故事，梁武帝造寺度僧、布施設齋無數，問達摩祖師有何功德？答曰：實無功德。六祖解釋，有福德，無功德。

　　我的解讀是，若按照《大道系列》說法，德就是能量，因此他將有福報，但卻少有能量提昇，故無功德。

　　能量的提昇在內不在外，當一個人做善事，是有目的而為時，已打折扣。若再大肆宣揚，即是陽善，那更少了。只有做善事不求回報，方具無為的陰騭（德），因為這時他的心是放下的，不會在八識田中種下一個等待回報的外求種子因，八識較淨化，較能與宇宙共振。若能達到真無為，也就是連做善事的想法也沒有，而是自自然然的，完全和宇宙合一，那八識當更淨化，其能量提昇的境界可能更高，而創造力也隨之源源不絕。也就是所謂的三輪體空，施的人不著心，受的人是誰也不著心，也無施與受的物體之心，一切作為都是希望能輔助宇宙能量的和諧流動，以減少痛苦的蔓延，以維持幸福的態勢。

　　所以，用「能量」的感受來說明「德」，似乎是很好的客觀標準。

第三十四回
道德的真相

　　很多人認為提倡道德，目的只是希望社會和諧安定。其實道德有更深遠的意義，它就是宇宙能量的運作模式，是

宇宙的大愛，維持著星球的平衡運轉。萬物皆是由道德創造演化出來的，當然也是以道德為生存的資糧。

我們可以看到，銀河系裡所有的星球，都按公轉及自轉串聯而成，稍一偏差，就可能產生碰撞，因此必然有一股穩定的力量，持續供應此系統能量。同時每一顆星球由於公轉及自轉，其表面的能量都是循環變化的，這就是道德，也就是一套「和諧穩定的能量循環系統」。

佛家說地球有「地、水、火、風」四大，地有堅實性，水有流動性，火有溫暖性（註：可指岩漿及光照），風有吹動性（註：可指空氣）。當地球轉動時，其地水火風四大元素，將受太陽輻射及宇宙射線、月球引力及萬星引力等鼓動，進而創造出木火金水的現象。以北半球為例，地球繞太陽公轉時，大地呈現出，春的發芽，夏的盛長，秋的結果，冬的歸根四種現象。此外地球的自轉，也造成每日的小循環。因此依我的理解，道家即將佛家所言的四大，經過宇宙的循環造化，所呈現的景象，以抽象的五行來表示，其中「土」居中為創造之原料，為基本氣場（註：非專指「土質」），而木、火、金、水為四種變化氣場，可捏塑基本氣場形成四種類型的外貌。而這種情況應該適用於所有轉動的星球。

此外，除了星球轉動時會有五種能量場的變化外，星

球本身也應該可類分為五種質量群。想像大爆炸時，不同頻率自然向四方展開，作用於宇宙灰塵，顯化出上下四方多種質量群，而當形成旋轉時，物以類聚，同一平面可能自動組合為五個質量群，即中央加四方。接著每個質量群再經過多次較小的融合爆炸後，物以類聚，又各自形成了五個次質量群，如此一直分化到單一個星球為止，形成五的 N 次方架構的質量變化。之後形成穩定的公轉和自轉系統，此時每一個星球可能與其他星球還有聯繫，還會接受到宇宙萬星傳來的五的 N 次方架構的能量變化。

以地球為例，地球似乎以土質能量為主，地球上的萬物應該也是一樣，由於地球自轉軸心，向公轉軌道面傾斜 23.5 度，當繞著太陽公轉時會呈現出單一地區四季的五行能量，而自轉更造就出一天日夜的五行能量。此外，整個太陽系又繞另一個中心旋轉，以此類推。

因此宇宙中每一點，都受「所在地五行物質能量」以及循環轉動時「天象五行波動能量」的影響。而我們人體，顯然也是宇宙造出來的，因此體內也有相應的能量系統，而這系統基本上也是由天和地的五行能量在照顧中。

中醫將「肝系統」的功能，對應於大地的「春生」也就是「木」，與「仁」的能量相應；依序是「心系統」——「夏長」——「火」——「禮」；「脾系統」——「藏於四季主化」

——「土」——「信」；「肺系統」——「秋收」——「金」
——「義」；「腎系統」——「冬藏」——「水」——「智」。

所以，當人身體不適時，可採用西醫的對治，及中醫的五行能量調整，也可善用日夜及四季來養生，中醫有所謂的四季調神論，就是配合四季能量來養生，間接也可治療相應臟腑的疾病。最後別忘了，抬頭看看天，身上所有五臟六腑系統的能量頻率，滿天星斗都有，只要你懂得擷取的方法。

還記得人體是能量的收發器嗎？舉例而言，當「肝系統」能量不佳時，心存「仁」，想像「青色」籠罩四周，所發出頻率，就可與東天的東斗及轄下的七星宿之頻率相共振，而調整了肝系統的能量，其餘可類推。因此，人就可以透過心念的轉變，改善身體的健康。當然若能進入自然無為，與全宇宙能量合一，應該會自動調和所有的系統，這是很值得嘗試的。

由此可見，道德不僅是人的本性，而且是一套和諧穩定的能量循環系統，從天上的星星串聯到大地的萬物，到社會的結構，到家庭的興旺，到個人的健康。古人將其歸納為「孝、悌、忠、信、禮、義、廉、恥」，《大道系列》加入「智、仁、勇、和合」。茲將其整理如下表。

孝	老少相印	上下能量的吸納與回饋
悌	同儕相濟	左右周遭能量的交流與圓融
忠	發乎本心	由自己最內在、最真誠、和宇宙合一的心出發
信	真實不離	真實不離且穩定持恆的能量出入模式
禮	完美程序	一切事務完美運轉的流程
義	勇敢循禮	維護禮的勇敢行為
廉	守分不貪	不求非分之事務
恥	知錯能改	知錯能改不再犯
智	熟諳變化	熟悉每一期會的可能過程
仁	感同身受	感受到周遭的全部變化
勇	創造環境	因智與仁進而自然演化周遭進入下一境界
和合	和諧一體	因智仁勇而能時時調和出當下的規律能量

　　以家庭組合為例，「孝」指的是父母子女上下能量的相應與傳承，「悌」指的是兄弟姊妹左右四周能量的平衡與周流。以太陽星系運轉為例，若將「孝」看成是九大行星以太陽為源頭，相互傳送能量，那麼「悌」則是行星之間平衡的旋轉而不碰撞。

　　因此，道德將是科學與宗教的交會點，可創造、維持、

修復萬事萬物，是行事的準則，是解紛的妙法，是歡樂的根源，是健康的保障，更是靈體成長、能量提昇的關鍵。同時也是東方紫微斗數與西方星座命盤的根據。下圖為能量串聯模式之參考。

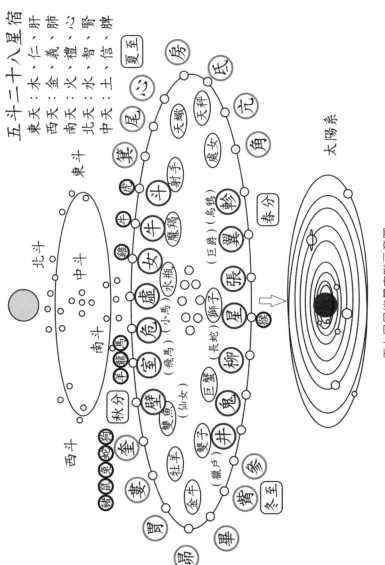

五斗二十八星宿
東天：木，仁：肝
西天：金，義：肺
南天：火，禮：心
北天：水，智：腎
中天：土，信：脾

天上星星能量串聯示意圖

第三十五回
兩種能量的來源

　　人類能量的來源似乎可分二種，一是食物與空氣的能量，一是無形的能量。前者維護硬體，後者充實軟體。然而若細分前者仍含有一定比例的無形能量，這可由食物到口還未消化就感覺滿足了得知。

　　食物靠橫膈下的腸胃來消化吸收，空氣靠橫膈上的心肺來呼吸運化，而無形能量的收發則隱藏在呼吸的過程之中。呼吸時全身都可以是無形能量的管道，想當然呼吸系統也是管道之一，因為空氣除了包含各種氣體外，還包含各種塵土、微生物，以及質子、中子、電子等粒子，當然也包含各種能量的無形因子。

　　俗云：「一口氣不來，就走了。」此氣指的應該就是能量，一口氣之所以不來，是因為靈體的能量系統不支持肉體了。因此人可能有兩個體，分別是肉體和靈體，肉體由有形物質構成，靈體由無形能量所構成。

　　肉體要吃飯，其食物可間接或直接來自「光合作用」，據說有種法門對剛升起的太陽凝視 40 餘分鐘，能量即能飽和而存活。此外靈體也要吃飯，每一個觀念，每一個識種也

要吃飯，其能量是透過睡眠、冥想或身心靈合一當中，由呼吸作用取得，此法可稱為能量呼吸，《大道系列》稱此為「陰合作用」。所以我們在人間，天天在過著「光」「陰」的故事，只是毫不自覺罷了。

這二種能量在人體內是可相互轉化的，道家有言：煉精化氣，煉氣化神，煉神還虛。也就是人體是有潛力藉由物質產生能量的；另外，人體動個意念也能產生多種內分泌，因此人體可「有中生無」，也可「無中生有」。既然如此，那我們是否能僅靠一種能量而存活呢？

透過中醫與西醫的比較，可發現人體似乎有兩套系統：一是「神經內分泌系統」，主要處理有形能量；一是「經絡能量系統」，主要處理無形能量。而這兩者都需要心識能量的啟動。神經系統分中樞，包括腦與脊髓，及周邊，包括軀體神經與自律神經。經絡系統分十二正經與八奇經，脈輪即是奇經八脈中任督二脈間的七個能量中心，十二經絡與奇經八脈的關係，就像江河與湖海，有相互滲灌調節的作用。

其中神經內分泌系統是心識透過有形的大腦來驅動，進而傳達訊息給每一個細胞，讓每個細胞知道接下來要做什麼。而透過靈體識種與身軀頭腦的相應，意即本心、本性、心體、覺性及其他識種，與腦部的腦幹、丘腦、邊緣系統、額葉及其他大腦皮質的相應，我們會感受到能量（註：心念

意識）與物質（註：身體細胞）的連動性，從而體會到自律神經協調與身心健康愉悅的關係，學會了看開、放下的益處，同時也就啟動了脈輪的運用。

而經絡能量系統則可由心識直接驅動，經由無形管道作用於每個細胞。若經過人生的磨練，心胸、眼光、度量提昇了，也就是心體、識種與性體得到成長了，甚至可能讓每個細胞發揮其 DNA 的潛力，直接將空氣與水合成物質，或直接無中生有，由能量聚合成物質，也可有中還無，將多餘的物質直接化為水或空氣，或直接化為能量而回歸宇宙。若非如此，如何來說明那些不吃不喝的傳奇性人物。

也就是經由這兩套系統的演化，人類可能進化到以無形能量為主，以有形能量為輔的生活方式，甚至無形能量也可進化到以自創為主，以外求為輔的方式，如此就無需再為有限的資源爭奪不已了。

而此演化的轉捩點應該就是從「體認心輪的作用」開始，也就是透過看開與放下，讓第六感官甦醒開始。當第六感官，即氣磁場的感受甦醒，才會體認到前五官來看世界的不足、欠缺與錯誤，從而瞭解到一切可能都是能量的流動。接著我們自然會經由能量來影響身上每一個細胞，此時將可能學到「無形精神能量」與「有形物質能量」間的自在轉換，進而創造出「真相流動的喜悅」，減少「顛倒夢想的苦楚」。

第三十六回
地球的循環與成長

根據愛因斯坦所言 $E=MC^2$，一點物質就可以轉換成巨大的能量，此外所有的物質也都有能量的散發，因此地球顯然是一個能量庫。那該如何擷取呢？

白光通過三稜鏡，會轉成七彩光，相反的，正確比例的七彩光，通過三稜鏡也可轉成白光。中醫認為地球上有五種能量的循環，分別是五行———木火土金水，眼（五色）青赤黃白黑，耳（五音）角徵宮商羽，鼻（五臭）臊焦香腥腐，舌（五味）酸苦甘辛鹹，心（五德）仁義禮智信……。因此，若能建構類似三稜鏡作用的識種，就能時時透過身體與靈體融合，達到地球上五行能量最佳比例的擷取與轉換，對身體的平衡與健康將有莫大的助益。

然而事實上地球的能量處處不同，每個人的習性也不同，因此人們所取得的能量常有所偏執，當地球轉動能量循環時，也就注定了必須面對失去的痛苦。所以習性的去除極為重要，若能順應四時養生，時時平衡守中，在塵不染塵，也就是有觸感而不執持，清淨心融入萬物而不黏住萬物，就能減少失去的痛楚，而有新生的喜悅，也就是「春有百花

秋有月，夏有涼風冬有雪，若無閒事掛心頭，便是人間好時節」，如此便能獲得完美組合的能量。

舉個例子，吃東西時，若酸苦甘辛鹹特別偏某一味，臟氣必偏盛，然而每一味都吃一樣多也不對，而是當身心放鬆時，聽從身體的聲音來飲食方恰當。如此當能獲得最佳的能量組合，及五臟六腑十二經絡的健康，從而回到至善的源頭。

因此，地球的多樣性、變化性、循環性，讓我們體會一切事物的轉化過程。讓我們有了不染的免疫力之訓練，不僅不染，還能學會配合天地能量轉化一切事物的能力，以及天地間豐富能量化轉之獲得。簡言之，就是能量功、免疫力、轉化力，三者之訓練。但若偏了一邊，有了本位主義，固執不化，將進入抗拒轉變的反覆爭鬥中，造就無止境的痛苦牽纏。

第三十七回
無我的真相

如果真的無我，那是誰在動意念呢？無我是一種方便說法，實際上是指不同境界的我。

不同境界的人，為了描述他的體證，所能使用的文字

和語言還是那些。因此，若無類似體驗的人，很容易曲解。

自我不曾消失，只是行事作為若以小我為出發點，很容易違反宇宙法則——道德，所以常常被宇宙修正，期待落空，心生痛苦。而且偏離的越遠，將來修正的力道越強。幾次以後，漸漸覺悟宇宙不是只為我一個人設的，會較能看清事物的來龍去脈，也體會了所有心路歷程的轉變，因此，自我慢慢變大了，會把周遭的觀點也容納進來。從家到社會，到整個國家，到全世界，甚至與宇宙息息相通，這時我已經從小我成長到大我，到無邊無際了，我們就稱之為與宇宙天地合而為一，此時所行所為不僅不會被宇宙修理，還可能被宇宙強力護持。

因此，無我之意，即如金剛經所言，無我相，無人相，無眾生相，無壽者相。也就是穿越時空，以能量看世界，當感受到世界真實的運作模式時，自然不會拘泥於小我的肉體與靈體，也不會願意整天生活在顛倒夢想的世界裡，一直反覆輪迴著同樣的痛苦掙扎，一直在求不得，而能走出一條可期待、可心安的道路。

第三十八回
貪嗔痴的真相

貪是強烈地朝向一個目標努力追求的慾望，嗔是排除不合意的，痴是持恆力。可見它是一切成就的原動力，沒有它，會變得散漫，是不能成事的，且可能常處在迷惘的痛苦中。

依照《大道系列》的說法，人有七魄，皆與生存慾望有關，其中有一魄其功能即是好貪。又提到，魄所產生的靈動力，較魂為強，能讓人達到更大的成就。也就是透過慾望的引動，能產生更大的追尋力量，讓人更能開發識種、提昇能量，豐富能量的內容。

這與我們每個人體認到的人生實相是一致的。顯然人無慾望就了無生機，慾望讓人有了目標，對人生充滿了希望，進而產生奮鬥不懈的力量。因此慾望與貪是生活的動力，是快樂的泉源，然而，每個人也都很清楚，慾望與貪念也常帶來很大的痛苦，那該如何善用貪嗔痴呢？

不懂事時，貪嗔痴讓我們學習了很多的經驗、知識、智慧；踢到鐵板時，為了逃避痛苦需要貪嗔痴；努力尋找問題的根源是一種貪嗔痴；覺醒所有事物的來龍去脈也要貪嗔

痴來促成；不斷的精進以獲得長遠的喜悅更需要貪嗔痴，也就是貪無止盡的提昇，嗔自己的不足，以及痴的持恆力道。

因此貪嗔痴的本性不曾改變，只是對象隨著成長一直變化中，直到它不再帶來痛苦為止。尤其是嗔，由生氣外在的不合意，轉為生氣自己的不長進。也就是從沉迷惡習的「三毒」，變成行善的「三善」。而最終可能演化成平衡守中的「三真諦」，此時所有的貪嗔痴將融合到一種持恆的自然中。

其中的關鍵，在於看清一切事物的來龍去脈，自己不再陷入難以自拔的痛苦深淵，儘管那條路外表包裝得那麼誘人。

第三十九回
免疫力的提昇

當一個人執意改變思想觀念，就提昇了嗎？顯然沒這麼簡單。因為執意並非心甘情願，你自己明白，周圍的人更明白。因此，你想往上爬，周遭的人會拉你下來。要拉你的一定有緣，無緣不出手。拉你的人也不是真的想害你，而是想問問你，你真的處理好情緒了嗎？同時也告訴你，你的處理方法帶來我們大家的不安，你盲目了，偏執了，可能會陷

入另一種痛苦深淵，我們都感同身受了。

所以真正的提昇，不是選擇一種思想觀念，選擇一種情緒能量就了事了，這是難以究竟的，是不堪一擊的。所有被你壓抑的、忽略的情緒能量，一直在等待時空機緣給你更大的反撲。

那該如何著手才能有真正的提昇呢？我認為首先需要從「心」出發，真實地面對自己心中的各種情緒能量，也就是忠於自己。接著便會產生思想觀念與行為動作，以調和情緒能量。如此就有「事務鏈」的推展，透過微細觀察，體會所有事務的來龍去脈，無形中就會建構出所有心路歷程的轉變妙法。這時智慧提昇了，免疫力也提昇了。

而當所有的方法都用盡了，眼淚乾了又濕，濕了又乾，別忘了免疫力還有最後一道防線，那就是一切創造與變化的源頭，所有物質與精神、情緒的源頭，也就是那唱著亙古之歌的原始能量，創造所有痛苦與歡樂的源頭，他總會源源不絕提供機會，讓你得以撫平能量波動，重回自由的，就耐心的等候吧。

因為，一切本就是「無中生有」，當然會有「有中還無」的一天，一切又回到不增不減，假如擁有僅是一場夢，那失去又何嘗不是夢醒而已？因此，隨著時間流逝，任何的不愉快總有機會過去的。

上述説法,雖然可以減少對外在生滅執著的痛苦,但仍覺不究竟,試想若靈體能長生久視,而且能自在的做夢,那不是更好嗎?因此,更進一步而言,若能體認到一切都在變化,唯有那創造變化的源頭是不變的,而我們每個人何其有幸,都擁有這源頭能量,與無限的創造力,那該是多好的祝福,有什麼會永遠放不下呢?又如何會被役使呢?

有以上體認,免疫力就能真正成長。而當一個人免疫力提昇了,能處理所有的情緒問題,做自己主人的機率就增加了,也可避免許多輪迴的漩渦。這時別人將不會再攔著你,因為走上大道的你將為大家帶來幸福。

第四十回
六度波羅蜜的提昇

六度波羅蜜即是以六種改造不良習性的方法,來達到創造世間,成就一切。其中每一度可分三階段。

若能完成,將是人生很高的境界,不僅自己改造不良含因,同時行事作為成為良好的示範,促使他人也能引發無為的「本能」,減少人間無明所造成的惡果牽纏。

至於何謂無為?有很多解釋可參考,諸如:不胡作非為,不盲目作為,不做無用的作為,不做多餘的作為,無所

求的作為，自然的作為，做與天地合一的作為，其意義皆相通。以下依《大道系列》來介紹六度。

第一度：布施度	「度慳貪」。財施 => 法施 => 無畏施。
財施	以自己的福餘救他人之急。
法施	充實自己，智識轉為資糧，再以言語幫助他人。
無畏施	放下身段，以平常心幫助他人。
第二度：持戒度	「度悔患」。律儀戒 => 攝善法戒 => 饒益眾生戒。
律儀戒	以持戒來觀察自己是否有逾界之行為。
攝善法戒	諸惡莫作，眾善奉行，不作貪功貪得之心。
饒益眾生戒	視人如己之兄弟姊妹，利益他人，達至無為。
第三度：忍辱度	「度嗔恚」。生忍 => 法忍 => 無生法忍。
生忍	忍「身體之觸境」的一切橫逆與困厄。
法忍	忍「心靈之意境」的考磨。
無生法忍	以「吃苦為吃補」的心念生出無忍之念頭。
第四度：精進度	「度懈怠」。斷精進 => 修精進 => 求化精進。

斷精進	斷除一切不良習性。人的本性上較為懈怠。
修精進	將修持的善良種子擴展，幫助他人，廣結善緣，不斷努力。
求化精進	經前兩者入於智慧不輟的境地。
第五度：禪定度	「度散漫」。心定 => 口定 => 意定。
心定	身同外界境地相結合，但心之清淨不受左右。為禪定之外緣。
口定	接觸外境，身口易受心境之驅使而造業，宜慎。
意定	要清淨意念，要先清淨心靈，把心定於無念之境界。心、念、意三者合一。
第六度：智慧度	「度愚痴」。生空智 => 法空智 => 一切智智。
生空智	一切因緣所造，身是時間的過客而已。
法空智	修有為行無為，一切因緣皆是自然法則，放下心即是。
一切智智	由「一切種智」，入於「一切智智」，清淨無垢自在且無為。

　　上表提供了許多生活的思想觀念與心態，是我們感受不到的，甚至會覺得減損了生活的樂趣，讓人望而卻步。然而當人生歷練增加了，來龍去脈洞察了，可能會感受到這些

都是經驗的結晶，智慧的果實，可增加樂趣，減少苦磨。

那若想要得到這些智慧果實，成就自己，幫助他人，該如何著手呢？那就必須要通過人生因緣法則的牽纏，也就是藉用因緣組合，通過所有的考驗與折磨，轉化了含因，有了親自的體證，才有經驗來幫助他人，即自覺方能覺他。而上述六度應是經驗智慧自然開展的過程，可做為心靈成長的參考與檢視，看看自己體證到哪裡了。

第四十一回
靈界訊息的省思——信與不信？

當今靈界訊息處處湧現，該如何面對與善用，將是人類的新課題。

說信與不信都沒有絕對的證據，會淪為永無止境的爭辯，不如都以參考的態度來面對，以科學的態度實事求是，驗證到哪裡信到哪裡，不過分解讀，不隨意拋棄，也不以偏概全。而且這過程中，一切要以全人類的福祉為依歸，不宜造成人類的恐慌與動亂。

這也是我面對《大道系列叢書》的態度，大道系列在心靈成長方面，有許多獨到的見解，值得參考。然而其中也有與當今科學知識大相逕庭的論述，尤其是對土星衛星的描

述，讓人覺得很不可思議，不由自主產生了懷疑。

此外，透過叩問與靈界做雙向溝通，探討宇宙人生的真相，常可令人開拓視野，耳目一新。然而當用於無形干擾的圓滿化解時，拿捏不好的話，很容易讓人陷入捕風捉影，疑神疑鬼的生活中，一有問題就想趕快叩問，一心外求，而無法藉人道生活來成長身心靈，尤其涉及到需要付出金錢來圓滿時，縱使有明確說明金錢的用途，但由於個人角度的不同，有時也會造成家庭與親友間的隔閡與糾紛，並非每一個人皆適用，宜適可而止。由此看來，也許實相世界的運作變因太多，難以完全體會，因此靈界也有許多的無奈，有時也會無意間引迷入迷，讓人類愈努力愈牽纏。最令人痛苦的是，若過於強調業力的負面效應，而忽略了業力帶來的，彼此皆能正面成長的意義，會讓宇宙中充滿著不平之氣，並持續增幅中，不僅讓人類無法正面思考，產生積極力量，還會讓人類陷入自編自導的威脅利誘與有口難言的無盡恐懼中，產生恐慌症和強迫症，如驚弓之鳥，可悲！當然，被逼到最後毫無退路時，總有一天，你也會從內在堅定地站起來，這樣看來，一切都是引緣，都在催熟，催得你有一天決定要完全對自己負起責任，不再責怪他人為止。如此，也就沒有所謂對與不對，只有會心的一笑。

更深入地說，當你滿腦子充斥著所謂完清業債的圓滿

念頭時，可能會加強無形界因果討報的種子因，間接也減弱了人人向內求，各個學會感恩，學會體諒，學會反面成全的種子因。果真如此，無形中將強化業力的牽纏，減緩所有靈性的成長腳步，是否有這可能呢？如果是這樣，那不如大家都是新的開始，一切過去的因因果果全數化為成長的階梯與祝福，寬恕彼此的無明與無知，並直接回溯源頭，感受宇宙的大愛，感恩天地蓋載、日月普照、國土護佑、師長教育、父母養育、眾生扶持等恩惠，以清真、自然、無為串聯宇宙能源，並在自然的惻隱心中，揮灑出慈悲、平等、博愛等正能量，從而創造新的因果與智慧，這樣不是更究竟嗎？

依我的觀察，人們透過靈界化解難題時，其結果有三種狀況：很有效，無顯效，更糟糕。顯然宇宙間有更深一層的公理，絕非僅是所謂無形干擾可以解釋。

我認為宇宙就像是一個能量網，當你起心動念，就是上網了。而起心動念非單指有明顯意圖才是，生活中，無時無刻，下意識總是不停的起心動念，包括情緒的變化，只是我們不曾察覺罷了。而我們的所有際遇，包含所謂的無形干擾與無形祝福，也就隨著心念發展起來了。

由此看來，所謂的無形干擾也是一個果，而因則是根深蒂固的識種。有云：「斬草不除根，春風吹又生。」如果本性不改，而徒依賴靈界化解難題，或可取效於一時，然終

究再造新殃，甚或以為有依靠而變本加厲，無有出期。可不慎歟！

因此綜合以上可知，當一個人走投無路，能量萎縮，毫無自立能力時，接受協助，消滅業障，減輕包袱，是無可厚非的。但當他元氣稍微恢復時，就應該趕緊學會自立，增加福慧，不僅不宜再依賴他人，還要嘗試無為的幫助他人，直到走上自性演化出和宇宙合一，自助與助人已然合為一體的道路。

以上的體認，也加強我面對任何事物，包含靈界訊息，不再選擇信與不信的立場，而是採取參考的態度，也就是參悟參悟、考證考證。總留給自己思考與轉圜的餘地，希望讓自己永遠有成長的可能。

然而，常有人質疑，不信怎會有成就？可是就我的理解，當我們境界未到，未有相關體認時，所信的也只是自己原有識種，或是舊觀念所能解讀的事物，離事實的差距還是很大。

即便是境界一樣，還有「測不準原理」的作用，即觀察者向外的心念，會影響觀察的結果，因此不同的人，體驗是不一樣的，所以也只能參考。

那一直在參考會有結果嗎？依我的觀察，這世界永不變的法則似乎就是平等法則。這宇宙中不論物質或能量，不

論任何形式，都處在循環平衡的狀態中，有一定的法則，而這也是因果論的基礎。這其中每一個人都有與宇宙完全相通的一部份，即是靈性的源頭，都能真誠地感受事物。從這一點出發，也就是向內求，我想大家都會有共同的標準，而這也就是信的源頭。以這源源不絕的源頭為根，相信自己！時時灌溉，假以時日，當能長出富含生命力的幹、枝、葉、花、果實。

如此，我們將不必勞神去爭辯外在的，是真的，還是假的，信，還是不信，無須先去立一個成見，導致下意識強迫自己去護這個成見，而是問問自己的良心，從各種訊息的實證中，究竟獲得了什麼成長，是正面的提昇，還是反面的成全。那麼，我們將有更開放的心胸來包容一切，而心靈的建構也會較誠實而穩固，世界也會較和諧。

第四十二回
一舉兩得之策

究竟有沒有靈性世界？我想有些事是我們人類難以理解的，雖然大部分人沒有相關的體驗，但也有很多人有奇特的靈魂經驗，而且宗教經典又言之鑿鑿。那該如何取捨呢？

我認為要有一舉兩得的人生計畫。不但在人類世界生

存慾望能圓滿，同時未來靈性世界的生活也準備好了。這就是身、心、靈合一的生活方式。

就身、心、靈合一而言，據古書記載，有人離開人間時身體是可帶走的，然而就算是真的，也只是少數。因此，我們還是著眼在身心靈合一的過程中，來成長靈體較實際，其他的就順其自然吧。

我們可體認到，人生到最後留下的都只是回憶，包含知識、經驗、智慧，還有面對人生的態度，其他的一切都會成空。甚至不用等到要離開人間，人老了，一樣一樣都要放下，不放也得放。

我常覺得，年輕的時候，總會不停的收集東西，包袱越來越重，這是無可厚非，然而年紀大了，就該慢慢丟掉包袱內的物品，越走要越輕鬆才好。而且不只有形的物質，無形的心靈負擔也是，一樣一樣的人生經驗，也要好好打包，不要留下太多的眷戀與遺憾，就如同我們初次來到人間的那一天，一絲不掛，無牽無掛，瀟灑來去，不帶走一片雲彩，而是帶走所有被人間磨練過的智慧識種。

因此，人生不管你打算如何過，別忘了，不要違背良心，不要留存太多慣性，因為靈體若不滅，一定會帶著走。

第四十三回
開始打扮自己

　　要如何打扮自己呢？當我們真的感受到事物變化的源頭是「心」和「識種」，當我們知道最終能保有與掌握的也只有「心性」和「靈性」，其他的一切總是隨著周遭的能量因緣，變幻無常時，我們的注意焦點會自然轉移。打扮的重點會放在「心性與靈性的建構」。

　　好的心靈能量系統，想必與身體的構造與生理相同。概述如下表。

能量系統	負責能量的提昇。
循環系統	負責全身能量的周流不息。
免疫系統	負責設立防護能量網。
中樞系統	負責監控全身與外界環境的平衡圓滿。
功能系統	負責運作能量轉化一切事務，以達所求。

為使系統建構完成，可分下列步驟。

1. **能量系統**：能量來源除了食物與空氣以外，還有「德的

能量」，也就是善的能量、無為的能量與真無為（註：
與宇宙合一）的能量，要時時吸收、消化並排除不需要
的能量。

2. **循環系統**：常常「心放空」、「頭腦放空」，適度活動，
讓全身能量周流無偏。

3. **免疫系統**：能定心、定念、定意，調整心念頻率，不讓
自己陷入不良能量氛圍中，即便是處於其中，也要有自
動「淨化的能力」，不被染著，或事後很快地清除。

4. **中樞系統**：時時「覺察洞悉」內外能量的變化，看清所
有事物的來龍去脈，「當自己的主人」。

5. **功能系統**：學習各種運化能量的心法，以「創造出理想
的生存環境」。

　　綜上，依我的感受，打扮自己的心法，可將前述五系
統歸納為，能量功、免疫力與轉化力三者。也可再統合成一
個心法，就是隨時注意本性的彰顯。

第四十四回
靈魂樹——心靈地圖

　　我漸漸覺得每個人身上似乎都有一棵靈魂樹，雖然人

生的際遇無可逆料，但冥冥之中，似乎都刻畫著什麼環境、什麼年紀你會想做什麼。而且遇事的處理態度與流程彷彿也一再的重複。如果有累世的話，那人的一生很可能就是照著累世的心靈地圖重複走著，所有的經驗會再造一次，就像胎兒在母親子宮的發育一般，會經過所有的演化階段。而且每個人的心靈成長地圖都不一樣，各有特色。

　　所以，如果我們內心一直有某種聲音在呼喊我們，那一定是我們這靈魂曾烙下的刻骨銘心經驗，絕對是這輩子的重要功課。在忙盲茫的人生過程，可能沒時間關照，但有一天時機來時，他還是會來叩我們的心房。莫怪乎，孔子有云：「五十知天命。」

第四十五回
靈體的多樣性

　　人海茫茫，人與人之間總會隨因緣而聚散。在我這些年來積極的心靈探索中，曾接觸過幾個特別的人，他們對我視野的開拓與經驗的再造很有幫助，也許這也是我心靈地圖中本有的註記。以下按時間順序概略介紹。

A男士：有陰陽眼，能於全黑的暗室，細數牆上的螞蟻。

B女士：常常看到飛碟，女兒生的一雙慧眼也看得到。

C女士：被車撞了就有天眼，常幫神明辦事助人。

D女士：眼睛微閉像X光，可看到他人身上病兆的黑氣。

E女士：接到訊息要救地球、救自己，辭了美國高科技業，回台已二十餘年。

F女士：走靈山，常和同伴到全省各處，配合天地淨化地球能量。

G男士：能通靈寫書，一分鐘可達六十到一百字。

H男士：能量極強，能幫人灌能量，一天可僅睡三小時。

I男士：隨時可開靈文、講靈語，別人聽不懂、看不懂，它卻可說出意思。

J男士：小時候到七歲還能看到另一空間，後來從樓梯跌下就失去此功能。

K女士：一百歲，茹素六十年，耳聰目明，提重、步行、搭車自如，人稱老菩薩。

L男士：可把靈脈，像斷層掃描一般，可偵測甚至可看到全身的病兆。

M男士：練氣練到靈魂出竅，照片頭部呈七彩光。

N男士：自認通靈無數，探索極深極高，目前落實發展能量健康保健事業。

O男士：小時即見滿天神佛，練心念練到放下一切，一睡靈魂自動遨遊。

P女士：隨時可聽到很多靈在耳邊說話。

Q男士：耳邊曾有聲音要他採取某一行為，難以自主。

R女士：受引導，辭空姐當法師，濟世三年後身體不適，思轉型。

S男士：每天晚上夢中自覺能與上天溝通，亟欲改革社會創造大同事業。

　　我認為這些都是靈體的潛能，也就是宇宙中的眾生正展示著靈體演化的多樣性。而每個靈體最後總希望自己有演化的主導權。

第四十六回
安樂的慾望與戒律

　　接著來到最重要的問題，請問人真的可以活得快樂嗎？

　　依我的經驗，快樂有兩種，一是追逐的喜悅，一是解脫的輕鬆。首先先來勾畫出宇宙的現象，再來探討快樂的來源。

　　依我的分析，這宇宙有「規律能量」、「散亂能量」、

「物質能量」、「DNA 能量」和「意識能量」。

規律能量	無所不在，讓一切星球平衡運轉。包含星球內部之穩定。
散亂能量	無所不在，讓一切隨機聚散。
物質能量	存於無生命的物體內。具磁場可隨緣變化，如屍體與落葉的腐爛分解，與山上石頭被沖到出海口成沙子的過程。
DNA 能量	存於有生命的動植物。可按照 DNA 藍圖，配合循環的宇宙能量，驅動物質，演出生老病死的一生。
意識能量	存於有思想的物種內。可儲存記憶，稱種子因，當時空環境到來時，沉睡的記憶會自動起作用，發芽成長，影響思考、言語和行為，這就是因緣果報的定則。舉例而言，每次在公園發現麻雀跳到旁邊，就知道牠的小小頭腦裡裝有被餵的識種，這時丟個饅頭屑，很快就會引來一群鳥。此外意識能量也能啟動 DNA 的不同區塊，產生不同的 RNA 組合，進而改變外貌。

我們人類同時具備了 DNA 能量和意識能量，以及受此二者驅動的物質能量，也就是肉體和靈體，且這兩者是相輔相成的。

肉體的生存，過與不及皆非中道，都會造成病痛及壞

空的提早來臨，此時靈體也就跟著受苦。這是指個人的行為尚未影響到他人的狀況，若是已經侵犯到他人就不一樣了。

接著談靈體，靈體常隱藏著過去未圓滿的事件，所有為了一己之私欲而有意無意傷害他人身心的事件，點點滴滴、一絲一毫都會記錄在彼此的識種中，時空環境一出現，償還作用會自動發生的，因此行事的圓滿相當重要，可避免未來莫名其妙的苦報。

那麼，如何讓人的肉體與靈體能有慾望的享受，又能得安樂呢？這就必然要有防範與節制的方法，也就是戒律。戒律是讓人解脫糾纏的方法，是讓人能真正得安樂的方法，絕不是無緣無故拿一條繩子把人套住。當我們出現越界之行為時，就知道又有一段痛苦的牽纏要熬了，而什麼時候償還得等待機緣。且越界當下所強化的識種，會隨著時間滋長其慣性能量，繼續顯化出行為，有時會變得很複雜，不是說改就能改的。

因此，若能將慾望、戒律合為一體，也就是在生命的探索中，守住肉身的中道，也守住靈性的圓滿，配合宇宙中主導規律的能量，如此當能追逐喜悅而不陷入煩惱漩渦中，過得快樂應該是可以期待的。

第四十七回
助人為快樂之本

常言：「助人為快樂之本。」真的是這樣嗎？那為什麼有人言：「寧願救蟲也不願救人。」

依我的了解，如果覺得自己幫助了某人，所以就快樂，還是有為法，有一天還是會覺得痛苦的。因為當局勢轉變，當初的善惡好壞變換時，你可能反而成為他人責怪的對象。或是他人不回報你，你也會不甘心的。或是他人一直覺得欠你，也會一直牽繫著你，而讓彼此失去了自然和諧的能力。所以不宜有助人之執識。那快樂從何而生呢？

我認為在幫助他人時，若無求回報之心，我們會自然的脫開自私之心，進入他人的情境中，與他人處在同一困苦感受中，當問題解決時，也會跟著產生離苦得樂的感受。這大概就是助人為快樂之本的原因。

說得更精確些，助人者，感覺的是自己經驗智慧的再造，能量的提昇與散發。被助者，感覺是智慧的啟發、獲得，與能量的提昇。在這過程中彼此皆獲得相互的印心與智慧能量的成長。

因此，助人不僅是惻隱之心的自然體現，同時也令彼

此獲得快樂與智慧，受益良多。然而若心態拿捏不好，可能
會帶來彼此的痛苦，宜慎戒。

第四十八回
煩惱為快樂之本

　　快樂與痛苦是對立的，有了痛苦煩惱，解決了就生出
快樂，生出智慧。所以煩惱是智慧的半成品，沒有煩惱也就
沒有智慧的增長。

　　無知常帶來煩惱，隨著生活中知識、經驗、智慧的累
積，煩惱會減少，但也不會完全消失，不會因為有了智慧就
有免戰牌，即便是僅為了維持現況，也需要不停地付出。

　　因為宇宙永遠有兩大力量的作用，一是趨向散亂，一
是維持規律。所以生活中永遠有趨向散亂的不平衡出現，永
遠有煩惱跟隨，而付出心力使其歸於平衡就能得到快樂。這
就像你買一部車子，從此保養與維修就會不斷，當送修時，
師傅說修好了，你就會很高興，任何的擁有都是如此。因
此，煩惱永遠會存在，而快樂也就源源不絕。

　　更深入的說，不僅維持規律需要平衡，就連趨向散亂
與維持規律兩者之間，也有相應而生的自然平衡現象。有形
世界如此，無形世界如此，有形與無形世界之間也如此，甚

至可能虛空與三千大千世界之間也如此。宇宙似乎有著一體相生、輪流興旺的公律。因此，當我們忘記了這宇宙公律，勢必會妄求而帶來無盡的煩惱。然而就算是常常記得也無濟於事，因為染著是靈性的本能，所以妄求必會時時出現，而煩惱也就因應而生，唯此時成熟老練的靈魂有很強的慣性，很容易啓動覺察，再度連貫本源，以觀變化並增長智慧，如此脫苦的輕安、逍遙自在的喜悅也就能常常發生。

第四十九回
宇宙的大愛

那天和朋友提起傳說中耶穌的「博愛」，他說他的體會是「愛」，是上帝無處不在的愛。雖然我不常提宗教，因為有人認為上帝存在，有人認為不存在；有人認為上帝創造宇宙，有人認為宇宙創造上帝；有人認為上帝就是宇宙，有人認為上帝就是法；有人認為活著有靈魂，死後就沒有了，有人認為靈魂永生，有人認為靈魂不生不滅，永遠爭論不休，最後都是靠信念與某些體驗支撐，自成團體。然而他的說法卻讓我有了感觸，眼睛為之一亮，我想若將上帝換成宇宙，對大多數人而言，會較能感受其意義。而我們之所以覺得不快樂、孤單，可能就是不曾想過宇宙中有無處不在的愛。

由於不曾想過，頻道沒打開，當然一輩子也收不到。即使就濃濃在身邊，也不會察覺的。甚且，一輩子都在收集負面訊息。在這充滿各式各樣訊息的環境中，人生觀決定了收訊息的方式，收訊息的方式強化了原有的觀念。所以，打開眼睛吧！開始來尋找宇宙滿滿的愛，他就藏在萬事萬物中，開始學會感恩吧！開始接納萬物正在散發出的「愛的能量」，也就是「道德能量」。花開的喜悅，鳥鳴的呼喚，山的靜，水的動，雲的閒，天的藍……，接納滿滿的愛自然就會付出愛。這可能就是快樂的泉源，很感謝這位朋友的提醒。我們所擁有的實在太多了，然而卻常常把注意力全部集中在缺少的那一點，並用放大鏡，或電子顯微鏡觀測，在這過程中，所有最重要的，卻在我們心的忽略下，悄悄地消失，當驚醒時，可能已無法挽回。

第五十回
無情的因果

有云：「善有善報，惡有惡報，不是不報，時候未到。」然而事實上，卻常發生善有惡報，惡無惡報之事。為什麼呢？

其實，善惡只是人類籠統的看法，甚至是個人主觀的判斷，並無法完整說明因果的實相。說得更明白些，宇宙的

現象，不論是有情或無情，都有一定的變化過程，一定的因會產生一定的果，都是科學的，物質有物質科學，心靈有心靈科學，都有一定的軌跡，所以換個角度來看，也可說都是無情的。然而人類看不到全部的因，也不了解物質與心靈的全部轉化過程，甚至對果的好壞也有不同的解讀，因此就造成了許多的矛盾與不解。

因果真的是很無情，它與八識田有最直接的關係，最深層的記憶不停的產生作用，不論你記不記得，不論你有意或無意，都得買單，概括承受。甚至可能與此生無關的也得領受，這該如何說呢？由於觀察到每個小孩出生的秉性皆不同，甚至在母親的肚子裡表現就不一樣，合理懷疑每個人的八識田中，可能都擁有特殊的印記，不管你喜歡與否，在人生的旅程上，總會在時空因緣到來時，顯露一番，也許是資產，也許是負債，就看我們如何面對。

而且不只自己的八識田要買單，有時連他人的也要一併買單。舉個例子，我們常遭他人誤解而生氣，其實他人所收到的資訊，也就是他人八識田中識種所解讀的訊息，才算是我們真正送出去的，而不是我們自己一廂情願的想法，因果就是這麼無情！所以我們該生氣的，應該是生氣自己對他人的無知無覺。

因此，想要透澈無情的因果，首先就是不要怨天尤人，

怪東怪西。所謂事出必有因，先接受事實並認定其為必然的結果，進而找出為我們所忽略的來龍去脈，讓每一次的矛盾化作更深一層智慧的增長，如此境界提昇後，當會覺得因果的無情漸漸減少。

第五十一回
有情的人生

無情的因果該如何轉換呢？八識田的識種要如何成長呢？這就有賴有情的人生。

頭腦的「思想能量」與心中的「情緒能量」是兩大主宰力量。其中思想能量（註：包含下意識能量）是由情緒能量支撐著，「知性」是由「感性」發展而成的，「念」是由「心」啟動的。

因果雖是無情的，但決定因果的腦中識種卻能經由心中情緒來轉換。每一次的情緒啟動可決定取用識種的種類與比重，並進而影響其狀態，這也就是起心、動念、入意、藏識的過程。

因此情感是創造一切的根源，智慧是成就一切的經驗組合，兩者時時合一才能達到最大的通暢與喜悅。

下表為運用「有情的人生」修整「無情的因果」之過程。

初胚	**貪、嗔、痴**
	好吃、好穿、好淫、好賭、好禍、好貪、好一切雜事
	酒色財氣名利情愛
	喜怒哀樂愛惡欲
	怒喜憂思悲恐驚：中醫言人有七情，過度皆能影響五臟而致病，如暴怒氣上而傷肝，過喜氣散而傷心，憂思氣結而傷脾，過悲氣耗而傷肺，恐則氣下而傷腎，驚則氣亂而傷心。

進化	心中「原始感情能量」的散發擴大 ＋ 頭腦與全身所累積的「知識、經驗、智慧」之洞察 ＝ 宇宙法則、大愛、真善美、道德倫理、逍遙自在
	簡而言之：愛 ＋ 智慧 => 道德 （註：看似符合道德的思、言、行 ≠ 道德。最大最長遠的圓滿 ＝ 道德。因為執著於頭腦中道德的思言行，可能與心中本質不一致，則每一次的思、言、行，將造成每一次反向情緒能量的餵養，有一天時空因緣到來時會爆發，產生無法抗拒的反覆，以重新達到平衡的周流，是以不等於道德。道德的根在無限的愛，道德的枝葉花果是愛的智慧運用。）
	經過人生「生老病死苦」、「愛別離苦」、「求不得苦」等種種辛酸苦辣的過程，體會萬事萬物變化的過程與無常後，決定於無常中尋找恆常，最後學會與天地、宇宙合一的平衡、自在與受用。
	見山是山（生活）
	見山不是山（想要修行）
	見山還是山（啊！原來生活就是修行阿！）

成器	體証人生中「孝、悌、忠、信、禮、義、廉、恥、智、仁、勇、和合」為快樂生存的靈糧，不再視其為強迫性的規範。
	致中和：喜怒哀樂不發謂之中，發而皆中節謂之和。感性與理性協調。
	體會宇宙中無所不在的能量，日日增長。學會「心中能量」與「頭腦能量」平衡運用的通暢與喜悅。
	感受一體、公平、公正、清真、自然、無為、惻隱、慈悲、平等、博愛的輕鬆。
	福德無窮、智慧無限、逍遙自在。
	宇宙法則、大愛、真善美、道德倫理

在這追逐競爭的世界裡，大家都已身心俱疲了。唯有重新點亮心燈，誠實地面對自己，愛自己，才能重新找到力量，並透過「有情的人生」，選擇離苦得樂，逐步提昇智慧，轉化「無情的因果」，創造大家皆贏的世界。我個人從小至今，總覺得生活中無奈的壓力持續不斷，相信大多數人也是如此，我想真的該是我們認真面對自己，重新決定心態的時候了。

第五十二回
無住生心

　　起了心，就會動了念，那麼心是如何起的？心是受靈性召喚的。靈性中的識種不停地和周遭互動著，因此人們不知不覺間會形成一種能量狀態，稱之為心境。而成長的靈體，若學會了直接更改能量狀態的方法，也就是具有了心境識種，而且學會善用它、轉換它，如此，即可以反向來驅動其他識種，進而改變周遭的環境。也就是某些情緒連接某些識種，彼此相互影響。為何會如此呢？那是因為所有的識種當初都是在某種情緒下，或稱某種心境下，被輸入儲藏的。而這也是所謂唯識學的立論根本，即一切識種皆是心「曾經驗、能記憶、能應用、會演化、可成長、可受益」的一種能量體。

　　因此學會無住生心，就能不受制於往昔識種的慣性作用，而能讓識種安靜下來，達到「靜化」，接著慢慢降低損耗能量識種的比重，達到「淨化」，進而增加並創發提昇能量的識種，達到「進化」，創造出理想的生活環境。

　　若無法認識無住生心，沒有轉換心境的智慧，則心境將陷在慣性識種所建造的能量牢籠裡，輪迴不已。

第五十三回
靈之眼與心靈之眼

　　我們靈性所感知的世界，遠比我們覺察到的世界廣且深。因此周遭環境對我們影響之密切與深遠，常超乎我們的想像。

　　舉例而言，當我們眼睛看到東西時，其實靈之眼早已看到了，識種的程式已先跑過一趟，也就是下意識已先一步掌握了一切，然後再依過去經驗篩選綜合，再給眼睛看到。這可以解釋為什麼一群人當中，若有人在注意我們，很容易就會被我們無意中察覺。

　　另外，我們也都有這種經驗，拿鑰匙開門時，常常分毫不差的就插入鑰匙孔，如庖丁解牛般的神奇，可是一旦我們有意要瞄準時，卻總是做不到，可見無意間我們的靈識已做了很多事，就像經過長期訓練的雜技團能出神入化的表演一般。

　　既然所有的認知與感受，都是下意識先跑一趟，顯意識才再跑一趟，那麼如果下意識的舊經驗有誤，顯意識就難免會被誤導。那下意識的舊經驗為什麼會錯呢？那是因為過去在某種情緒下，同時發生的事件被做成了一個記憶包裹，

或稱印痕，導致日後只要這包裹中的任何一事件再發生，都會勾起該情緒反應，即便當初這事件與該情緒一點關係都沒有（註：此為《戴尼提》Dianetics 的主要論述之一）。情緒強時，甚至會自導自演把包裹中的其他事件也一併呼喚出來，並與當下環境的類似事件瞬間印合，產生了加乘效應，進而創造了獨屬於自己的情境世界，而且非常地篤信。

這種錯誤反應，就像訓練狗時，每次搖鈴鐺就給狗食物吃，一段時間後，一搖鈴鐺狗就會開始流口水，而腦海中想必浮現出香噴噴的食物了，接著尾巴也搖起來了，一般稱此現象為條件反射。

而更進一步的加乘效應，有個大家都熟悉的故事可說明，據說有個農夫懷疑鋤頭被鄰居偷，越看鄰居越像賊，有一天想起來是自己臨時擺在某處，再看鄰居越看越不像賊。這就是我們生活的實相，雖然大家看起來是在同一個環境中，其實每個人都活在自己所創造的情境裡。

因此在成長的歷程中，我們要學會去解構記憶體中的所有印痕，重新再分類包裝，以免做出錯誤的判斷，而嘗到苦果。

那麼究竟我們的情緒包裹從何而來呢？可分三部分，一是肉體 DNA，與祖德有關；二是靈體秉性，與深層記憶有關，有的解讀成過去世；三是環境薰染，來自於家庭、學校、

社會的心態、思想觀念及生活習慣，與這一世有關。這三者皆存在識種中，而我們正是利用這三者活在當下的環境中，繼續檢討演化著。

所以若能了知，我們每一次的起心動念，都是經驗、記憶的被勾起，而能把握機會追尋出該記憶最初是如何與該心情建立連結的，並重新歸納演繹，就能修整不足、欠缺與錯誤的識種，讓靈之眼更貼近事實真相，從而減少顛倒夢想的痛苦。

而這其中的關鍵是開啓心靈之眼，體悟到當下的心情就是開啓靈性下意識旅程的鑰匙，不同心情開啓不同的旅程。若旅程不符宇宙法則，勢必產生顛倒夢想的苦楚。因此，為了減少痛苦，我們唯有選擇時時保持赤子之心，時時保持能量呼吸，減少過多情緒反應的湧現，減少假情境的創造，並在生活中隨時隨地藉機會重新建構情緒與記憶間的連結，如此方能逐步還原事務的本來面目，而所行所為也會較舒暢。

第五十四回
演化

認識了心靈之眼，就開啟了另一階段演化之門，可開始積極地摸索並體證心性與靈性互動的化學模式。

而演化即是透過肉體的「眼、耳、鼻、舌、身、意」及七情六慾的善用，使人類的心性與靈性不斷的成長，減少錯誤的行為，慢慢學會契合宇宙的運作，順水推舟，四兩撥千斤，達到少造苦業的境地。

這其中的關鍵在於體認到人有兩套記憶體，一是腦神經細胞突觸構成的記憶，是有形的；一是靈性的記憶，是無形的。

俗語說：「心有靈犀一點通。」指的就是瞬間開啟了靈性的記憶與溝通管道，橫空出世地蹦出了一些好想法。

另外早上剛醒來還躺在床上時，也常會有好靈感產生，思路特別靈活，這應該也是靈性的作用。為何會如此呢？因為睡時人類會進入靈性記憶的世界，醒來則很快進入頭腦記憶的世界，而交接時，會有共存的片刻，而此時也最容易把夢再抓回來。還有晚上夜深人靜時，也會出現類似的清醒時光。

　　此外還有哪些現象可以暗示靈性記憶的存在呢？依現代科學而言，腦神經細胞的突觸，依時空的需要會隨時增加與削減，而幾十年前無關緊要的事，理應不再紀錄在有形的構造中，然而人類常會因某些暗示，也許是特別景色，特別的聲音，特別的味道，或特別的心情，突然遙遠的，早已遺忘的過去，會突然出現。

　　另外老人家，當記憶退化時，新突觸的生長及舊突觸的維持已無力了，慢慢凋萎了，然而過去久遠的記憶卻能拿出來說，且說得很詳細。這兩者似乎也可說明靈性記憶存在的可能性。

　　由此推論觀之，靈性記憶包含很廣，猶如記憶的倉庫，頭腦記憶只是取出目前較常用的部分而已。而當人類學會用心靈生活，能將靈性記憶提出來給頭腦記憶使用，並透過人體深切體會大自然的一切現象，及身心變化的過程時，頭腦的智慧就提升了，而此同時靈性記憶也跟著轉化了，這就是真實的演化。

　　此外每次的演化都是接續著前一次的演化，因此逐漸地會在靈體上形成各種看似複雜卻又非常有系統的能量轉換路徑，可稱功能體。就像是擁有各式精密的儀器，一旦按下開關，就能立即產生特定的功能，完全不假思索。這就是功夫、火侯，絕不是一蹴可幾的，是沒有捷徑的，必得親身

走過才會擁有。

依我的體驗，有五樣東西是值得演化出來的，分別是：當下的呼吸，調心的能力，調性的能力，能量體，功能體。

第五十五回
循環與絕對

既然一切都是相對的，那麼有循環的空間，難道就沒有絕對的空間嗎？

若將宇宙的循環空間分為十度，那越高維度其循環性當越少，絕對性當越高。然而從縱向角度來觀，高低維度間不也是一個循環嗎？（註：依《大道系列》，地球有十度空間，離開地球還有 360 餘階層。）

因此，靈體若是不生不滅的，那他將在絕對空間與循環空間之間來回不已，當處在絕對世界時他知曉一切，當一念闖入識田中，忘了回到本性時，便進入了循環世界，自此輪迴不已，沉迷不醒，直到適當時機他覺醒後又學會真理，一層一層往上爬，或直接躍昇，再度回到絕對世界，就這樣無明與覺悟交替著，學會與忘光互換著，構成了宇宙亙古的故事，也構成了不增不減的宇宙。

　　又宇宙法則是無所不在的，因此也可以把地球想成一個小宇宙，也類分為十種生活方式。以此觀之，我們人類若能在地球上，熟悉各種生活方式的變換，也就代表我們覺醒了。相信若靈體不滅，我們會慶幸不虛此行的，因為我們已經準備好了。

第五十六回
最大的力量

　　人生的目標在哪裡？行為的標準是什麼？要回答這問題，首先要找出這系統最大的主導力量，再推演開來。

　　宇宙最大的力量是什麼？以我現階段所能體認的，理性上來說，就是大自然的力量，就是循環，不符合自然的運作終難久持，而符合自然的，將可能被全宇宙護持。話雖如此，我們卻常常覺得被個性與命運鎖住了，常常陷入某一情境中，反覆痛苦循環，無法脫身，從這角度來看，心識也可看做是最大的力量。因此宇宙就有了兩股「最大」的力量。

　　又向外追逐的慾望是人類的本能，因此，人類的生存，必會透過各種慾望的追逐，展開宇宙真理的探索，而所有求不得的苦難，將折磨所有的執著，摧毀所有的心鎖，迫使我們去體認亙古的自然生滅循環現象，迫使我們去追尋

那生生不息的源頭。而當我們能透澈這兩大力量，學會生不息與循環演化時，我想痛苦折磨就有了喘息的機會，而逍遙自在也不遠了。有此體認，人類就會有堅定的信仰，明確的目標與方向。

第五十七回
生化機器人

　　人的身體是最精緻、最完美的生化機器人，我們用心靈駕馭著他，同時心靈也完全融入其中的每一個細胞，透過這密切的結合，我們可得到許多的快樂與成長。例如我們想品嘗食物的美味時，就會驅動身體去覓食，並將食後的感覺傳回心靈，讓心靈獲得滿足。

　　然而這身體就像一部汽車，有操作規範也有保養須知。一部汽車通常我們不會忘了定期保養，但面對身體，由於它太精密了，常會代償性地提供主人使用，在惡劣的狀況會自動調整，以滿足主人的需求，因此人們常忽略了保養的重要性，而縮短了使用年限。而最重要的保養須知就是：充分的營養，充足的睡眠，定時的運動，適當的休息。口語化的説法即是：調飲食、睡飽、常活動、放輕鬆。

　　另外，就操作規範而言，必須要知道，這身體不停的

接受外面的刺激，並將篩選後的資訊轉成電波，刺激內分泌，送給心靈饗宴，而心靈也可以送訊息給身體，以決定篩選、擷取的方案。因此操作可以是被動的，也可以是主動的。也就是我們可以當自己身心靈的奴隸，也可以當自己身心靈的主人。

此外，這身體還有二種很重要的特性，就是「慣性作用」與「適應作用」，兩者都是重複做同樣的事產生的。

慣性作用是指，當一個人重複做同一件事，持續一段時間後，他會越做越快，不假思索，不再經過大腦思考的部分越來越多，且會常常自然想去做，有時不做還會覺得渾身不對勁。所以有助身心靈健康快樂的，例如能量提昇，要讓它形成慣性。

而適應作用是指，同樣的刺激，初期新鮮，久了會麻木無感。以感官欲望為例，當我們得到欲求的事物，就會分泌荷爾蒙讓心靈得到滿足，然而若短時間重複多次，一次會比一次需要更大的劑量或新花樣，才能分泌等量的荷爾蒙。因此放縱欲望不知節制，很容易為了跨越逐漸提高的門檻，讓身心陷入無盡追逐的疲累與痛苦中，難以自拔。所以有礙身心靈成長的，會帶來成癮苦果的，要懂得節制，好讓身體維持少量的刺激就能得到莫大的滿足。

由上可知，身為人，必須要了解身體的各種特性，才

知道要如何來操作，如何來保養，何者該形成慣性？何者該節制？方能帶來身心靈更大的成長。

第五十八回
氣的生活與心靈語言

身心的和諧與氣有密切的關係。心一動，氣就動，念就起，身體就產生變化。此氣非指呼吸的空氣，而是隨呼吸出入的能量，或稱電磁場的變化。

老子曰：「載營魄抱一，能無離乎？專氣致柔，能嬰兒乎？」我看過一些網路上的解釋，覺得莫測高深，難以消化。因此我仍傾向一切都是本能、直覺與簡單事物的奇妙演化，而演化的各階段不是我們要求取的，那些都是宇宙的安排，我們要掌握的是自始至終永遠不變的心態。什麼心態呢？就是我們隨呼吸所感受的能量狀態，能否像嬰兒一般，那樣的柔，一直守著身心的和諧與統一，沒有偏離呢？

我認為這種心態所產生的行為，可隨時讓身心保持圓滿，同時也圓滿所處的情境。而藉由圓滿過程的體驗，我們的智慧與情感，理性與感性，左腦與右腦，將自然產生更大的成長，而這些不是耳聰目明可以達到的境地，是很值得開發的生活方式。

　　此外，也可以活用氣的生活，運用周遭的能量來轉化自己的能量。例如，當心情不好時，可多接觸大自然，靜觀山光水色，聆聽蟲鳴鳥叫；多觀察小孩，進入他們無憂無慮的自在世界；多接觸年輕人，感染他們無止盡的青春活力；多欣賞快樂勵志的影片，陶醉在美好的氛圍中。每一件事物都有能量散發出來，只要我們學會融入。

　　所以氣的生活，可讓我們和宇宙合一，也可以與特定情境合一，運用之妙，存乎一心。有此體認，智慧當更深一層，自然知所行止。

　　此外，《大道系列》有言「智慧」與「慧智」不同。我常覺得第一個開創者，他是由慧生智，故有無限的潛能與變化性，而後學者由於有前人的成就好效法，所以可以很快生出相同的智慧，但也因此侷限了智慧的開展。為什麼呢？

　　心有無限的可能，故可源源不絕的活用腦，這就是由慧生智。腦藏有有限的知識經驗，故僅可用到心的局部功能，這就是由智生慧的侷限性。那該如何突破呢？這就需要重新點燃心燈。也就是智是讓我們由慧去證的，不是讓我們學的。

　　我常問人，請問第一個成佛的人，有佛經可以唸嗎？想必如某本善書所述的：是唸他心中的那一部無字真經。另外佛經有個故事：「大梵天王獻世尊以金色波羅花，請說妙

法。其時，世尊捻花，不發一言，座下百萬人天悉皆罔措，惟金色頭陀破顏微笑。世尊曰：『吾有正法眼藏，涅盤妙心，實相無相，微妙法門，不立文字，教外別傳，咐囑汝摩訶迦葉。』」這一段文指的又是什麼法呢？又金剛經云：「若人言：『如來有所說法！』即為謗佛。」指的又是什麼呢？

　　莫非這不立文字，教外別傳，指的就是氣的生活，就是心靈語言，也就是一切智慧的源頭，又稱慧智，有朝一日可帶領我們回到逍遙自在的生活。

第五十九回
安心

　　心有時會掀起滔天巨浪，有時風平浪靜；有時如槁木死灰，有時又熱情如火；有時桀敖不馴，有時又順如綿羊。心究竟是個什麼東西？為何那麼難以掌握？

　　身為中醫師，看診時我常發現一個個不同的身體，都是由一顆顆不同的心造就出來的。依我的觀察，身體不適的人，彷彿都被一股力量壓得喘不過氣來，難以展顏歡笑。究竟這股力量來自哪裡？顯然大部分是來自頭腦裡某些觀念的執著，多半是酒色財氣名利情愛，這是當事人可了解的，然而有些可能是來自靈性深層識種的感傳，這就常令人覺得

莫名其妙。而不管是哪一種，都令心無法放鬆，時間一長，鐵定自律神經失常，身體失去掌握，而病痛百出。

因此要讓身體健康，必須要學會安心，也就是要納入氣的生活，體會和宇宙合一的感覺，讓人暫時脫離「頭腦」與「靈性」的束縛，回到本心本性，如此宇宙的能量方有管道可以進入身體，而達到最完美的調和與淨化。而這最好成為每日的固定功課，甚至是時時的慣性。所謂：「道不可須臾離也，可離者，非道也。」

心一安，身心靈就開始受益，靈感源源不絕；心不安，身心靈就開始消減，頭腦坐困愁城。此外，更積極來說，心一安，就能發揮心的力量，妥善運用靈感與智慧，送出能量，創造環境。由此觀之，把心安住似乎該成為我們生活的重心。

第六十回
當下的擁有

什麼是最大的靠山？什麼是永遠不變的靠山？就在呼吸之間。

今天早上，我散步運動完，坐在大榕樹下圍繞著樹頭的環形鐵椅上，面向東方的晨曦，靜下心來，慢慢的，清涼的早晨空氣迎面而來，周圍的鳥鳴也聚攏過來。我問自己，

除了身心靈我還能擁有什麼？

　　我習慣性地透過呼吸開始感受能量，我感受自身，感受周遭的大自然環境，接著想到了夜空的星辰，與無垠的宇宙，似乎感受都有些不同。想想看那浩瀚無垠的宇宙，多少生物的生滅，多少文化的興衰，多少星球的誕生與消失，多少銀河系的再造，所有的恩怨情仇，全部都在她（他）裡面，不增也不減，永遠是一體的宇宙。我想這就是那永遠不變的最大靠山了，而我所需要做的就是活在當下，如此就能建立連結，與其能量融合為一。

　　而心就是開關，不管是過去心、未來心、現在心，全部都會塑造出特定的情境，而此情境中的能量系統，想必是透過心念加呼吸取得。因此，其所篩選抽取的能量，往往僅是無垠宇宙能量的極小部分，如此偏離宇宙真相也就不足為怪了，而所建構出的能量系統被摧毀也是遲早的事了。

　　由此看來，唯有時時活在當下，才能跟得上宇宙的腳步，同時也享有豐富的宇宙饗宴，這應該就是老子所說的「坐進道中」。

第六十一回
縮小的自我

　　人人怕失去自我，卻沒有想到所認定的自我，其實很可能僅是原本自我的一小部分功能而已，難道快樂無憂的孩童不是自我嗎？難道整天為著某些理念苦苦追求的人，才是自我嗎？是我們在長大的過程中，不知不覺把自我縮小了，卻又害怕失去它。也就是我們都活在自己的思想牢籠中，也活在自己的感覺牢籠中。

　　為了證實此點，我開始改換生活，既然領略了部分本性識種的感覺，我開始以此為基礎，時時放下，展開新識種的薰習，假日多往大自然跑，不設定路線走，也不設定該與何人邂逅，讓內藏的識種隨機自行顯現，藉以觀察自己的情緒反應與行為，再予以圓滿。

　　三週下來，發現身心較愉快而充實，而原先所煩憂的事，居然好像消失了，重要性好像沒了。可見有了更好的識種，人便不會眷戀舊識種，而所有舊識種的煩憂，在新識種的照耀下，似乎沒有執著的需求。

　　因此不看、不聽、不感覺原來的事物，轉而去看、去聽、去感覺全觀點、不設限的事物，是改變的妙法。而當我們可

以不停的改變時，誰還會守著痛苦的識種，繼續輪迴在那封閉的能量系統中呢？

因此，透過放下，發現了更大的自我，自然就不會被困在縮小的自我中，而害怕改變。

第六十二回
我在哪裡？

我就在我身上嗎？如果以能量看世界，顯然不是。宇宙中的萬事萬物都與你有聯繫。與你認識的人腦海中都會留下關於你的記憶，這些記憶，也就是識種，它會一直產生作用的，會一直影響著你。甚至與你不認識的人或萬事萬物，都可能時時刻刻透過靈體相映照。

如此看來，每一個靈體確實都是小宇宙，皆含有全宇宙的資訊，不管你有覺還是無覺。任何一個人的改變皆會影響全宇宙，而宇宙中的任何改變，也會影響到每一個人，這就是萬物一體的根本道理。

所以，當一個人放鬆，讓自己回歸於和諧穩定的能量循環系統，就是在除去他對宇宙中每一個靈體所造成的障礙。意即淨化自己，就是幫助每一位眾生。

　　而當一個人運用愛與智慧，與大宇宙同工，時時對身上所串連之全宇宙訊息，傳達出堅定的心態，採取行動時，就會促進宇宙中每一個靈體的提昇。意即進化自己，也是在幫助每一個眾生，而這應該就是所謂的消業與成長。

　　因此，若一個人能真正關心自己，內心深處真正快樂時，透過內外的相連，自然會關心他人，如此整個宇宙將呈現更和諧、更美好的境界。

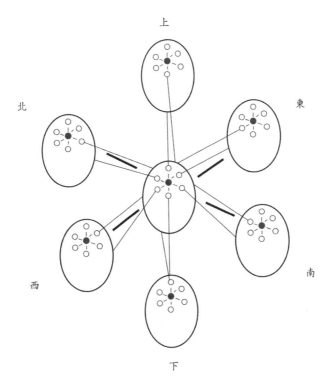

萬物一體示意圖

第六十三回
感覺就是創造

　　面對同一件事情，每個人的角度不同，感受也不同。不同的感受啟動不同的識種，並強化該識種，進而投射出能量，鞏固該事件的某些特性，因此感覺本身就是一種創造。

　　此外，我們所認知的世界，其實僅是我們對真實世界的部分抽取而已，而抽取過程常是下意識的，不知不覺的。所以我們所感受的外在世界，其實是內在識種群的投射，可看成是內在世界的鏡子，包括身體也是內在世界的投影，或說得更直接些，我們每日所看到的，所感受到的，其實是內在世界，不是真實的外在世界。

　　也就是，每一個人的世界都是自己感受出來的，也是自己參與創造出來的。有云：「我們每天面對許多人、事、物，其實只是面對一個人，就是自己。」因此當我們不滿意所在的世界，可作意行為去改變外在世界，也可以改變或擴大感受範圍，讓世界看起來不一樣。後者雖然只是感受而已，但在能量層面，或稱無形界，某種程度可能真的正在改變世界。

　　由此可見，人性擁有「無限的可能」，也擁有「無限

的不可能」，就看你的心如何拿捏，而你又下了多少功夫，不論是有警覺的染還是無警覺的染，而且不論你滿意與否，人性將無時無刻吸收與散發其曾經累積的獨特能量，而所有的起心動念則是改變的契機，儘管改變是緩慢的，但大海不也是一滴一滴水聚成的。

因此，為了當一個快樂的人，我們需要時時感受當下時空中，正在醞釀的情緒，並時時藉由大道一家、共存共榮的關照，轉換出新的感受方式，藉以演化出良善的識種及性體。此舉雖然看似無作為，卻能讓人感受到比肢體語言更深一層之心靈語言的撼動力，並進而創造出離苦得樂的情境。也就是建立在 EQ（情商）上的 IQ（智商），將能創造出真正的逍遙自在。

第六十四回
圓滿的旅程

最後來回顧一下我們的旅程，以玻璃球來比喻。每一個誕生的靈體本來都是一模一樣的透明玻璃球，能讓光透徹也能映照一切無礙，沒有「我」的感覺。然後被撒入了花花世界，各個全身沾滿了各種色彩，此時每一個靈體在他隨機誕生的有色世界裡，從被動的染色演化成主動的追求，創造

了「我」的覺知，並盡情的體驗、認識、學習，直到有一天沾的色彩太厚太髒亂了，純潔的天光無法進出時，能量萎縮了，空虛無力了，這時他想盡方法，窮畢生所學，努力揮灑，結果仍是越塗越亂，只有絕望了。他開始覺悟到，別無選擇，只能放下一切，因而逐漸洗清了顏色，無意間他發現內在有個力量慢慢浮現，與宇宙相輝映，希望再起，於是他培育出了一層防護罩，一層永遠透著光，且和宇宙相通的防護罩，接著學會在防護罩外圍，隨環境適當地搭配、穿戴各色各樣的衣服與眼鏡。進而隨著能量罩的長大，自然發展到學會與宇宙合而為一，享受寰宇的能量，並逐漸變成可伸縮的光球，自然散發能量，如陽光、空氣、水，寰宇同享，過著另一種燦爛的人生。而這時他知道，一切都是循環，我們每個靈體都曾記起無限次，也曾忘記無限次，一切都是平等的，沒有值得驕傲處，也沒有值得自卑處，今天你提醒他，

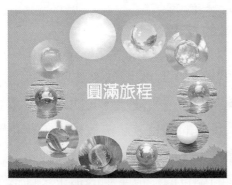

明天他提醒你，提醒靈體再創造出那自在的光球，如是而已。而所有的沉迷與提醒就構成了宇宙千言萬語也說不盡的文章。這應該就是靈體的旅程。

靈體圓滿旅程參考圖

第五章　我的心路歷程

鄉下的童年

　　我出生於南台灣，小時候在嘉南平原靠海的一個漁村長大，居民多數半討海半務農。一九六○年代的鄉下，唯一的電器是鵝黃色的燈泡；沒有自來水，每天都得到村莊的固定點打水，使勁地提回來，中途要休息好幾回；沒有柏油路，只有泥土路和碎石子路。煮飯用的是大灶，要撿柴、收甘蔗葉及掃木麻黃葉來燒，晚餐的餘火通常是燒洗澡水，這一餐通常是在戶外吃，從傍晚吃到暮色已沉，蚊蟲已來。天黑後就該睡了，端一臉盆水到床前，洗完腳就不得再下床，因為平時都是赤腳不穿拖鞋。腳底皮很厚，在蠔殼上奔跑不會割傷。

　　入夜後一片漆黑，路上無路燈，只有遠處偶爾傳來散落的狗吠聲，襯著冷冷靜靜月光的探照，冬天寒風的吹鳴，與樹梢揮舞的黑影，似乎在訴說著亙古的寂靜，透入心扉的孤單。而籠罩著大地的黑暗，似乎有股神祕的力量，限制了所有人的外出。夏夜太熱難睡時，左鄰右舍會搬出椅子，看著月亮揮著蒲扇，也搧風也驅蟲，一群一群閒聊著，小孩子們就玩起土地公與捉鬼的遊戲，好不熱鬧。

白天糾眾捉迷藏、過五關、跳繩、踢銅罐、射彈珠、彈龍眼子,當然少不了抓蝦、找蚯蚓釣魚、找鳥巢、抓知了、鬥蟋蟀、玩水,以及拔甘蔗、挖番薯、控窯等。

偶爾晚上遠處會傳來野台戲的聲響,尤其是布袋戲中,高手出招,拚鬥到日月無光的捶炮聲,拼拼蹦蹦。興起的話,馬上呼朋引伴,抓起高凳子,就朝著聲響的方向奔去了。在沒有月亮的晚上,連地上都是黑的,看不到路,這時就得抬頭看著樹梢,摸索著行進的方向。

二○一二年的今天,我住在北台灣,回頭看看,我像是從原始跨入文明,而這一切的變化彷彿是不知不覺的。

輾轉的學習

我念了五所小學,家有四兄弟,父親初任公職,後也曾跟著母親務農,也開過雜貨店、小孩吃喝玩樂店,後又回任公職,母親一直跟著父親同甘共苦,撙節開銷。

小學一年級念三所,首先是澎湖馬公國小,澎湖是純樸、安靜、風大的島嶼;其次是台中沙鹿國小,每天第二節下課全校一起跳舞;在彰化溪湖國小升上二年級,還記得當時一元可買兩個饅頭;台北老松國小升上三年級,見識了**繁**

華的都市；台北內湖國小念到畢業，感受了美麗的山和湖。

這樣頻繁的轉學，無形中培養我遷徙的個性，日後入職場，每到一個地方，我總習慣把東西盡量放在一個抽屜，要走的時候一拎就好了。同時也讓我很容易適應新環境。

少年的煩惱

由於那年代流行打罵教育，學校也是，家裡也是，我也深受其苦。每此總要喊「我下次不敢了」，表現一副惶恐羞愧的樣子，才有機會被放過。自尊心常受損，加以常轉學，難免感受到新同學的孤立，而且入國中有次放學時，還被處罰在司令台上面對全校師生半蹲，兩手平舉。只因當時天天放學時，大家都莫名的興奮，我也混在凌亂的隊伍中嬉戲，一下子沒注意到靜肅的殺氣已然來到，由於我是乖學生，而且腦海裡有常被修理的可憐識種，因此被挑中了，讓訓導主任有殺雞儆猴之快，而無後顧之憂之患。事後，有好長一段時間，上下學不敢抬頭。

自卑感不知道從什麼時候開始，悄然穩固建立。接著青春期的好戲上場了，性幻想又加深了內在的矛盾，早就忘了這世界還有一種情緒，叫做快樂。當時大概就只有性幻想

能讓人紓解壓力，然而卻換來另一次更深的空虛感。

　　入了高中，課業壓力極重，同學都是來自四面八方的高手，一個比一個天才，我也跟著大家背起英文字典，儘管現在回想起來，真是莫名其妙的畸形。可是當時處在那種環境氛圍中，沒有主見與自信的人，永遠是環境的試驗品，自卑、內向、緊張、課業壓力、性幻想、倦怠乏力從四面八方襲來，上課總是在撐眼皮，總是會碰上一兩個好老師，會默許你睡著的。高二時每個月總要感冒一次，每次週會總是站到撐不住蹲下來。怎麼熬過這種毫無希望的日子啊！

　　當時每天通車要三小時，因此高三在外面租屋K書，記得晚上常常累到真的念不下去了，躺下去總是九點，翻來覆去到十一點還睡不著，而同寢室的室友，卻是十一點躺下去二分鐘就打呼了。學校晚間也開幾間教室，給同學奮鬥，怎奈每次都挑靠門口的座位，因為坐五分鐘就想睡了，趕快出來吊單槓、洗把臉提振精神，有什麼用呢？還不是只維持五分鐘。

　　成績當然別提了，在這種惡性循環的生活中，這世界早就變質了，變成灰色的，有人能幫助我嗎？沒有的，家中早就沒有這種功能，朋友也早就沒了，只有成績，除了成績，還是那扶不起的成績。這就是為什麼後來我會發現，原來智慧只是好個性的產品，智慧其實只是一種思考的慣性而

已。

　　還記得當時高中畢業紀念冊，我的留言是：隨著前人
錯誤的腳步，我一路跋涉過來，願今後值得我驕傲的是「苦
心」和「誠心」。

難逃的強迫症——長期的奮鬥

　　隨著長期的自卑、內向、不敢表達，產生了煩惱、痛苦、
哀傷的情緒，再加上獨自在家準備重考大學的壓力，慢慢地
出現了憂鬱症、輕度躁鬱症，接著乾脆來個自閉，以保護自
己謝絕一切的干擾，除了揮不去的哀傷，最後就是可怕的恐
慌症與強迫症上場了，你能體會拖鞋要擺好幾次，門要關好
幾次的感覺嗎？再來更別提了，輕生的念頭自然會浮現。

　　到這裡已經知道自己毫無退路了，全世界已沒有一個
人能幫助我了，因為我的個性早將他人遠遠隔離開，別人的
好意也總會轉譯成自卑的加重，怎麼辦呢？連看著人，跟人
說句話，好像都是千斤重啊！每次都要驅動極大的勇氣，來
克服心中的不安，你能想像整天不講話，心事重重，陰陽怪
氣的人嗎？可憐啊！

　　當時，甚至所有的感覺都麻木了，都想逃避，都去否

定，像行屍走肉般過著生活，也搞不懂別人的歡笑有何實質意義，彷彿一切都是虛假的。記得那時有一次不小心受傷了，心中居然還會莫名喜悅，因為那切膚之痛是真正的感覺，可讓人暫時離開一切都是虛假的精神牢籠與迴路，精神突然清新得到解放，這是多麼奇妙的心理轉變。在那否定一切的日子裡，最後我發現有一件事是無論如何也無法否定的，那就是心中痛苦的感覺。我就想，人生的目的應該就是追求快樂了，而我，必須要走出來。

好幾次鼓起勇氣希望改變，但談何容易啊！記得有一次，要求自己今天一定要跟十個人說話，就這樣踏出門去，不認識的人也設法找些話來說，最後只碰到兩次機會，但已是很大的進展了。

不知道自己花了多少時間熬過那段時期，也許是一年、三年、五年吧，反正失敗、挫折與絕望是家常便飯，常常覺得有點進步了，不久卻又陷入更大的失落，就這樣一起一落，一起一落，慢慢收集、累積一點一滴的成功經驗，到後來已經可以靠些微的勇氣，撐出一個不堪一擊的樣子。現在回想起來，為何當時會如此辛苦，原因是那時的勇氣其實是建立在恐懼之上，是以不安為基礎，當然不穩固。

入大學後，所參加的「學習成長團體」，可說是改變的關鍵，至今仍印象深刻。在全然接受的氛圍中，在愛的關

懷中，大家都說出了彼此成長過程中的最痛，八人中有六人
泣不成聲，這讓我毫無畏懼的卸下心防，露出真實的自我，
接受真實的自我，讓我有機會從最真的地方再出發，重新
成長，就像是剛出生的小孩。現在回想起來，「接受」與
「愛」，確實能讓人不再手足無措，不再自慚形穢，讓人可
以自在的表達自己。而當內在的真實面呈現後，就有了改變
的契機，而信心也就建立了，這應該是成長的祕密。

　　之後入伍當兵，雖然已稍有進步了，然而在軍中我擔
任的是排長，這角色和我的個性差太多了，每日總還是經歷
著人格鍛鍊的震撼。接著退伍後，回學校繼續進修，其間個
性的磨練也不曾停過。畢業後，也曾參加演講比賽得名次，
這次我是懷抱著愛心來演講，當然還是需要鼓起勇氣，還是
有一些忐忑，但是對我而言，已是破天荒的好經驗。到如今
已過了三十年，這可能是一輩子的功課。

　　現在我終於發現，每個人或多或少都有強迫症，其實
就是固化的慣性罷了。如果這星球上每個人都擁有相同的強
迫症，那你將會毫不自覺。而所謂的害羞與自信，在還未覺
醒之前，也都是慣性而已。

　　由我這長期奮鬥的經驗來看，我認為固化的源頭在於
失去了平等心，無法尊重並欣賞每個人的特質與學習過程。
失去平等心就有對立，就會被好壞、是非、善惡的成見束

縛住，不安就產生了。不安久了成慣性，強迫症就自然長成了，而這些都與當今社會的集體意識有關。現在社會的集體意識，尚未進化到能讓每個靈體得到最大的成長喜悅，仍是停留在利益的追逐中，彼此對立、內耗、受傷、不安，讓人們無法真實地做自己，以至於失去了更大利益的創造與同享。

然而換個角度來想，若能從這樣的環境掙脫出來，那靈體的各項能力當能更上一層樓，可以在本源與慣性間運用自如，以得到當下的自在。以此看來，過程雖辛苦，但似乎也是每一個靈體必經的路程。

可怕的頭痛

我在二十餘年前，曾患過長達約十年的頭痛，每年在春秋換季時，早上九點多開始，就莫名的痛起來，痛到眼冒金星、嘔吐、頭暈。痛點大約在右頭心處，曾吃過普拿疼，但效果不佳，也曾痛到用頭去撞牆，效果還好，但也維持不了多久。大約痛到十二點左右會好一些，而下午也常常會再痛一回。

這種可怕的日子似乎毫無止境，最後鼓起勇氣去台大

醫院做了腦波檢測，結果無異狀。同事常常看到我皺著眉，瞇著眼，不說話，就知道我又頭痛了，知道我需要安靜。

多年後，我找到了幾個有效的方法，喔，對了！我還有長期鼻子過敏的症狀。當我按壓右側鼻孔內部深處一點，很痛，但頭痛約五分鐘就緩解了，且可以維持較長時間。另一種方法是用冰片塗抹在右側頭部，也很有效果。還有嘗試過頭痛音樂，也曾覺得頭的內部有一點鬆開來。

最後實在沒辦法了，我心忖著，中醫說不通則痛，通則不痛。想必是不通了，那痛不就是正在打通嗎？所以痛不就是好事情嗎？既然無法逃避頭痛，是不是可以享受打通的痛感呢？當這顆忍痛的心放下時，突然間劇痛增加數倍，一閃而過，但說也奇怪，從此痛就很少再發生了。

事後回想，當時痛處血管應該是放鬆擴張了，而所有被我忍積多年的代謝廢物，全部一次釋放出來，難怪會劇痛。同時我也慢慢體悟到，每次頭痛前胸部會先緊繃，也就是心不安也。所以痛的產生，起於氣不暢，氣不暢起於人生觀受束縛，有固執的識種，就會有固執的氣流，久了自然累積成重病。因此，八識淨化才能健康，任何事情同時看到兩面，才能放下那顆頑強追逐或逃避的心，讓氣沉下來，周流無偏。所以唯有赤子之心才是根本解決之道。

附帶一提改善鼻子過敏的好方法。少吃冰冷，洗完澡

頭吹乾，睡覺時將枕頭立起，頭頂著睡，或是將手掌置於頭頂睡，以保持頭部的溫暖。還有就是別太累，保持精氣神的充沛。當然這些對頭痛的改善也很有幫助。

牙痛的折磨

由於長期精神與體力的折磨，肝鬱、脾虛、腎虧，再加上長期排便不暢，虛火一直很大，牙齦一直處於發炎狀態，刷牙一定會流血，久了牙齒歪斜，咬合不良，到了四十歲，開始鬆動，一顆一顆掉下來。

牙醫幫我洗牙，血冒得太厲害，索性告訴我，牙齒沒救了。聽朋友建議，用了抗敏感牙膏也是沒用。後來碰到一位牙醫，說有得救，她洗牙洗得很深，將牙齦組織都切開，然後再用針筒注入一種促進生長的液體，可怕呀！那種椎心之痛，我忍了三回，每次淚水都噴得滿臉，最後我告訴自己，隨它去了，寧願掉光光也不治療了。我認識一位百歲人瑞，牙齒三十年前早就沒了，看她用牙床咬也吃得不亦樂乎，說話也聽得懂，臉型也不錯，有啥不好呢？

在這幾年，我掉了不少牙齒，每一顆開始痛到掉的過程約一個多月，真是牙痛不是病，痛起來真要命，有幾次都

是痛到昏睡過去。為了保有剩下的牙齒，我開始改變生活，減少工作時數，早點就寢，讓自己有充分休息的時間。同時也注意到，喝含糖咖啡，牙齒很快就會酸痛，改喝茶馬上就改善了。

我想以後若想有一口好牙，大概只有植牙，或是種上牙齒母細胞。當然若有傳說中達摩祖師的功力，袈裟一圍，牙齒復生，那是更好了。

職業的轉變

常常有人問我，你大學念什麼？為什麼念森林會來考中醫呢？多年來我一直找不到答案。最後終於知道了，答案就是：命運的安排。

當我開始任公職，在陽明山上養花蒔草時，一邊也在修博士，由於我一直找不到人生的目的，所以對人生毫無規劃，念書也只是一種慣性。最後我終於念不下去了，因為看不到前面的路。同樣的任公職也看不到前面的路，因為個性似乎不適合。當時剛好父親退休後潛心研究中醫，我也就跟著學，苦學十年後，終於考上中醫。經過中國醫藥大學基礎醫學訓及台北市立中醫醫院臨床醫學訓一年半後，開始行

醫，至今已近十年了。其間的辛酸苦辣，較任公職有過之而無不及，公職還有退休，此路是無盡的，學習辛苦，考試辛苦，行醫也辛苦。

　　至今，我終於明白，從事哪一個行業都是一樣的，說穿了，都是個性的磨練，與知識、經驗、智慧的成長，都是在圓滿內在與周遭的環境，以增長自在逍遙的功力。

善書的搜尋

　　記得國二時，有一天晚上告訴自己，今天一定要想出人生的目的才睡覺，最後撐到凌晨兩點還是撐不住了。此外，當我開始行醫時曾莫名其妙地告訴自己，十年後要開始修道，可見找尋人生目的這念頭，一直縈繞在我心中。

　　起初我一直反覆看著《老子道德經》和《六祖壇經》，後來無意間發現寺廟有許多善書，道理講得很妙，然而不可思議的是，這些書據述都是透過「天人交感──自動書寫」的方式著作的，古代稱扶鸞。為了追尋宇宙真相，我開始廣泛收集全省的善書，同時也看西方的通靈書籍，總數約三百餘本。最後我發現《大道系列叢書》闡述的較為齊全且深入，因此投入了相當大的心力，於今已六年。

由於我實在想像不出何謂扶鸞，曾親臨大道系列著作現場，以了解整個過程，其過程是這樣的，每週排定固定時間，在唱誦儀式後，執筆者執紅筆快速在黃紙上書寫，旁邊有三位同時唸出所寫之字，時間長達一個多小時。一分鐘可寫六十字以上，那些字仔細看都看得懂。後來我在網路上搜尋，發現還有很多種書寫方式。妙的是，很多人一輩子都沒見過這等事，從小到大教科書也從來沒有介紹過，一般人都只知道乩童問事等，不清楚扶鸞著作為何？

由於我太想探求宇宙真相，所以沒有先入為主的觀念，只要是宇宙的產物都可以參考，不怕它是對的或錯的，我想都有助於架構出宇宙的真相。這股信念支撐著我，讓我有機會發現能量的存在，了解「心念意識」及「因緣果報」更深一層的道理。

然而，也因為接觸了靈界訊息，讓我陷入了另一種矛盾痛苦中。當靈界訊息成為權威時，人類常會過度解讀，形成狂熱而失去理性，或受控制而不能自主，進而影響了家庭生活，干擾了正常的社會功能。

靈界訊息的出發點一般而言都是好的，然而「方便法門」卻可能成為「究竟法門」的阻礙。尤其是透過神明動了所謂完清業債的念頭時，雖可緩解燃眉之急，對窮途末路之人，是一大福音，然而若拿捏不好，卻可能會進入無止境的

牽纏，越理心越亂越慌，永遠計較不完。

　　其實任何因果皆非單一事件或單一人的作為，其牽連層面皆極其深遠，甚至包含整個宇宙，無限長的時空。因此過度簡化將無助於對真相的了解，有可能使靈體始終停留在計較眼前得失恩怨的階段，阻礙了靈性智慧的成長。無怪乎，佛教會摒棄靈通，主張行善布施、迴向一切；耶教會不論過去因果，主張重新做人、博愛世人。道家的主要經典會主張無為，法自然；儒家更言明敬鬼神而遠之，行忠恕之道。而這些主張，可使人們面對人生困境時，能逆來順受，運用智慧行宇宙一體的大愛，從而在無形中圓滿了一切因緣，成就了一切的智慧與德性，這不是很好嗎？

　　此次的痛苦經驗，讓我體會到有些虔誠信仰者，內心深處所可能藏有的痛苦、恐懼與無奈。是進也不是，退也不是。

夫妻的磨合

　　結婚需要因緣，也需要一股勇氣與衝動。所謂異性相吸，彼此總是有對方所沒有的優點，才會有所追求。然而一旦結婚了，就不一樣了，對方的優點已得到了，不新鮮了，

轉而希望對方改變缺點。

其實任何事物皆是一樣,一旦擁有,就無感了,就得再朝下一目標前進。這原本是無可厚非的,人總希望不停的進步,然而錯就錯在把責任都歸在對方,總是希望對方改變,總是希望對方為自己心目中的「共同目標」奮鬥。試想想,有幾個人能改變自己呢?自己都改變不了,將心比心,對方又怎麼可能改變呢?要知道江山易改,本性難移啊!我們看到的都只是冰山的頭,那沉在水面下的大塊頭才是不可動搖的老本性。每個人都有千百個無奈啊!

我們所有的不如法行為,下面總是由無知、憂慮、惶恐、懦弱、無助、憤怒所支撐的,所以當我們被批評時,總會有一把無形的利刃深入內心,不自覺的情緒反應就蹦出來了,這就是業力的作用,也是八識田的作用,一般人是毫無招架之力的,只有任由他因上加因,果上加果。

尤其是小孩子的管教上,意見最易相左,常常一方認為對小孩好,另一方卻覺得是在傷害小孩,最後都只好妥協,若不能妥協,一方就要退讓,另謀補救的方法。大男人時代已過去了,現代女子都有學識、有工作、可自立、有主見。古代中醫曰:「女子多鬱。」這年頭,如果男人的觀念不改,可能漸漸要反過來了。

這麼多年來吵吵鬧鬧,被逼得毫無退路,我已漸漸清

楚了，這不只是夫妻的問題，而是人生觀的問題。除了自己徹底的選擇了自己人生的定位，別無他法。

一個家是由男女組合，剛好就是陰陽、好壞、是非、對錯之相對世界的縮影，當然會爭吵不斷，即便是事事順著對方，也無濟於事，因為是非、對錯、好壞常會反轉，彼此還是會相互責怪。因此，唯有另由宇宙中尋得堅定的力量源頭，作為行事的標準，事事新奇，事事學習，常常發覺到可以感恩的事物，並脫離本位主義，把關愛的心放到對方身上，照顧到對方尚不知如何開口的需求，方能改變彼此的自我中心，而減少爭吵的立足點。這時家會成為極佳的身心靈成長場所，因為天天見面，問題無法逃避，而且每天都有機會重新來過。

如此看來，夫妻之間磨合的關鍵，就是自己尋求改變，切莫要求對方改變，唯有自己向內求，能改變，才是自然驅動對方改變的最大動力，否則只有反效果。而最究竟的改變不是遷就另一方，也不是選擇一個價值觀，而是真正跳出人間的是非牢籠，由無中生有創造出一個絕對的安定力量，並源源不絕產生慧智，讓彼此都有蛻變的成長喜悅。說是創造，其實也只是尋回被遺忘的赤子之心，再好好地開發運用。

子女的教育

每對夫妻都是當了父母，才開始學習如何當父母。常看到許多父母很用心的栽培小孩，很有目標，很有理想，讓小孩十八般武藝樣樣皆通。好似當年自己所羨慕的，都要在小孩身上實現才安心。

我常覺得自己都擺不定了，自己都不知道該追求什麼，所以對小孩也沒有特別的安排，只希望他們能快快樂樂，健健康康的成長。

雖是如此，在這競爭的世界，總會對成績有所要求，希望比他人好。卻沒想到這就是惡夢的開始，每個家長皆希望自己的小孩好，然而受苦的卻是小孩，造成現在的小孩「極少人在念書，大家都在拚成績」，其實古代又何嘗不是呢？可悲呀！這種痛苦的渴望心情，直到我終於認清了事實，才漸漸放下。我觀察到成績、名次與未來的成就未必正相關，成績好不代表智慧高，成績好不代表將來會比較快樂，更不能和賺錢畫上等號，最重要的應該是學習的態度。

教育子女後才發現，原來每個小孩的秉性從小就不同了，各有所長。小孩子其實有很多優點是大人們早忘記的，

對我而言，與其説是教育小孩，不如説透過這過程大人們學得更多。

首先要學的就是接受，因為每個小孩先天擁有的能力本就不一樣，在小學以前你可以隨意的要求他學習，但中學以後當他熟悉這世界的面貌及身體感官的使用時，他的本性就開始能自由地表現了。這時父母只能陪伴引導，畢竟他有他的心靈地圖要展開，有他的內心呼喚得去完成。

循環的宇宙

我認為宇宙中萬事萬物都是循環的。在人間可看到生命的誕生與終了，難道靈體就沒有誕生與終了的時候嗎？

靈體既然可以視為原靈與識種的組合，那當識種清空，回到囝囝的本質時，是否代表一切又從頭開始呢？又得重新學習，又再次認識了我的存在，又淨化了八識，又學會了一切宇宙的道理。（註：囝囝，指小孩子。）

若以此觀之，靈體有幾條出路，一條是不停的投胎，不停的輪迴；一條是不停的下墜，最後歸零再重新開始；一條是向上提昇，逍遙自在，如來如去；還有一條是網路上通靈人士的一個説法，當一個靈體學會宇宙的一切時，活得無

限長時空時，有一天會很高興的選擇自動消失。就這樣完成了循環的宇宙。

這宇宙究竟是何模樣，任誰也說不清。我常認為宇宙的道理不曾被創造，永遠也不會消失。所有出現的終將消失，所有消失的終將再現。永續的宇宙存在於永續的循環中。合每一個靈體的特質剛好構成一個完整的宇宙本質。然而真的是這樣嗎？就像是宇宙邊際的無解，難道宇宙就非得循環不可嗎？難道覺醒的靈體不能永存嗎？還是這裡面還存有太多的所知障、理障？希望有朝一日謎底可揭曉。

我的選擇

在這浩瀚無窮，充滿無盡疑問的宇宙中，渺小的我總也該有個決定，否則心會不安。

由於觀察到每個剛出生的小孩個性皆不同，因此我期待靈體是存在的，他顯現在我的習性、慣性、秉性、個性，以及我的外貌上。透過地球上日常生活的體驗，我希望靈體的能力可以越來越強，智慧可以越來越深遠，內心及行為可以越來越自在。

透過身心靈的融合與成長，我希望身體會逐漸轉變，

可自在的轉換生存空間，人類可以不要再體會失去的痛苦，所有失去的都可以再創造出來。畢竟質能本來就是可以互換的，理論上應該是行得通的。希望人類的潛能帶著人類航向宇宙，追求成長後的喜悅境地，而且不生不滅真的存在，否則這一切有啥意義呢？

書在寫我

有云：「我們做的決定，決定了我們。」當我覺得應該寫一本書時，只是覺得有一些體驗值得分享，可是下筆以後，我的思緒以及寫出來的東西，卻形成另一個緣，再次觸動了八識田中的含因，就這樣不停的回饋機制，牽動了內在思維空間的大探險，去到了不曾探索過的區域。而且，彷彿不走不行，不面對不行，否則就不圓滿一般。

而我所探索的區域，相信在每一個靈體中都具足，只是有些人當下的興趣不在此，正在興奮地做不同的體驗而已。

此外，在動筆這一年來，許多的靈感是來自於周遭所接觸的人事物，每當我有疑問時，一段時間後就會獲得解答，彷彿外在的環境，一直適時在幫助內在心性的渴望，只

要你打開心靈之眼，就能看到。

　　由此可推測，我們日常生活中所碰到的事物，可能都有因緣，都與靈性的渴求有關，只是我們不曾覺察罷了。因此若能抓住每一次的緣，藉由外在的情境，看到自己內在心性的樣貌，將會發現時時都是轉變與成長的契機。

　　此次經驗，讓我了解到所有寫書的與發表演講的，應該都會有這樣的經驗，也就是：當我們敞開心胸去完成一件事時，與其說我們在做，不如說我們參與其中，而環境完成了一切。

後記

文末，謹以打油詩一首，略述吾人追求人生目的梗概，期以搏君會心一笑。

茫茫人生何處歸？低頭苦幹抬頭問，今年無解復明年，不知不覺顏已衰。近日懶散換來閒，夜裡燈前常獨坐，回首半百人生路，可曾風光可曾哀。

猶記國中年少時，誓解人生方入眠，誰知撐到二時許，睡魔拖我夢周公。碩士高考入社會，陽明山上待八年，養花蒔草倏忽過，山中確實無甲子。怎奈，
天光雖好不踏實，命運催我考中醫，十年苦讀終出頭，榜上有名淚汪汪。受訓實習一年半，兢兢業業為生靈，誰知醫學無止境，學苦考苦行醫苦。

若問人生何所得？隨波逐流成個家，一份職業賺溫飽，雖無大富與大貴，卻可心安理得過。然而慾心何曾止，得隴望蜀壑難填，前日苦求不得物，今日既得覺無味。偶想跳開紅塵網，無奈牽纏已深遠，人在江湖不由己，

樹欲靜來風不止。

如此下去終不得，遍尋寰宇找歸處，中西善書廣搜尋，
大道系列堪稱奇。桃園八德崇心堂，天人合一傳妙文，
按圖索驥探究竟，結緣至今已六載。
參加上課印善書，點燈拜懺又叩問，摸索學習再摸索，
只為真理大道歸。

生活重心遂轉移，太太反目友側目，咸認迷信喚不回，
焦慮恐懼又憤怒。口不擇言如潑婦，痛心疾首有誰知，
唯有無語問蒼天，暗夜泣訴負心郎。為夫如此本不該，
回頭想想又何得，兩頭吃力不討好，仍是茫茫無處歸。

大道天音來重編，宇宙訊息來推廣，誰知遇到好心人，
勸我不要入是非。突然覺悟不強求，人間對立本尋常，
靈界何曾歸一統，唯有自然立大纛。人有人律天亦有，
擅入禁地易得咎，彼明我暗何所從，如此用功何有功？
世上通靈處處有，疑神疑鬼心不安，捕風捉影亂生活，

剪不斷來理還亂。難怪孔子敬而遠，不知生來焉知死，
唯守中庸行忠恕，老老實實來做人。

時至今日民智開，質能互換已證實，意識能量也明確，
宇宙法則漸清晰。物質界與能量界，有形界與無形界，
不論空間幾維次，咸依宇宙大道歸。因果法則乃科學，
思言行中能量生，頻率干擾有加減，相吸相斥不可逃。
若是空間有十度，生命升降在其中，萬物雖在實相界，
應有靈體在其中。據此假設靈體存，生必帶來死帶去，
此時此刻在汝身，尋他不出何所歸。若能尋出知天命，
來龍去脈必可測，人生必有定向行，不致茫然無所歸。

三十餘年苦追尋，巧遇大道系列篇，當初曾疑從何來，
親身前往探虛實。無形世界雖無見，不可思議確有物，
看看天音傳真者，靜心凝神筆自動。亙古儀式天音傳，
大道系列卅六冊，道盡宇宙無生有，包羅萬象書稱奇。
若云來源爭議多，又怕邪道又怕欺，先入為主不為動，
可能蹉跎過一生。坊間眾書皆可參，何懼此書怕洗腦，

六年詳讀略有得，願敘數語共參詳：

　　　　宇宙孕育諸原靈，原靈初生如赤子，
　　　　本性不知慣性增，不染不痛不回頭。

此乃人類覺醒時，醒後行持該如何？

　　　　宇宙人生大道茫，因果中道明燈朗，
　　　　若欲顛倒夢想離，心性時時沐春光。

此乃慣性新立時，然而慾望何所歸？
既生為人有人性，名利皆棄怎甘心，
又，生死大事豈能拋，兩全其美方正道。
因此：

　　　　日常生活乃大道，貪嗔痴是原動力，
　　　　平衡守中合天地，能保健康又快樂！

走筆至此暫歇息，另添片語送諸君，生存本是大漩渦，
跳入宗教仍難脫。宗教本意無限好，奈何傳承在於人，
理障惑障文字障，自縛自綁出無期。痛苦經驗與君勉：
取法孔聖人為本，真理就在咱心中，生存修行本一如，
多聞多思多體證。天地有性人亦有，三綱五常乃大法，
四維八德是靈糧，坐進道中可常保。日常生活乃因果，
未解之業必追隨，若能遇事常圓滿，從茲德慧日日臻。
德慧日增為何事？乃為快樂來生活，快樂痛苦從何來，
只為不想當木頭。無情無戲無是非，無苦無樂無煩惱，
有情有戲有因果，好把宇宙來遊賞。

若逢絕處難轉圜，祈求天界不為過，宇宙本該是一體，
唯是拿捏在汝心。善書善言出有因，時空變換不停流，
通權達變未得識，必落執著苦心痛。若更依賴不深思，
難以成長身心靈，攪亂春水有一份，結緣造業自己擔。
那該如何有遵循？宇宙人生大道茫，所有訊息皆參考，
落實生活有體証，一步一步往上昇。

有云：

一命二運三風水，讀書行善可行運，

七分靠人三分天，不求自己求何人？

迷時無津師來渡，悟時有本自己渡，

自性自渡自建構，時時寰宇相印安。

吾欲求佛佛求誰？朗朗天理自然揭，

若能尋得來時路，現在未來當可期。

再啟：

近兩年來常上網，２０１２沸騰揚，各家言論紛出籠，

一山還比一山高。不論星際外星人，不論無形幾維度，

不論真假與對錯，增廣見聞有多益。正面提昇添德慧，

反面免疫更躍昇，千錘百鍊佛魔轉，超越善惡大道行。

宇宙本來是一體，分裂為二仍互根，陰陽五行平衡轉，

十年河東十年西。若問人間何事忙？總為無明妄作勞，

汲汲營營不敢歇，到頭仍是一場空。縱使英才常勝軍，

攢得名利眾人羨，難道不耗精氣神，屆時身衰能主否？

何不趁早來回頭，心靈財富加減存，自創自得不爭搶，
身心自在逍遙遊。名利本為潤生用，雖曰少則百事哀，
然而多則反為累，知足常樂方正理。

或曰人生為哪椿？朝如青絲暮白雪，今日不知明日事，
得意難道不盡歡？吾曰：歡中帶淚是何因？
醉後痛哭又何由？豈非生死掛於懷，千古無明痛徹心。
若有片言或隻字，稍稍能解千年謎，何人不願幡然悟，
何人情願墮落行。吾今年屆知天命，方知能量實非虛，
回首坎坷人生路，也無風雨也無晴。勸君憶取少年時，
勸君尋回赤子心，心靈財富確實有，只要回心來返照。
時時不離日日長，身體病痛漸漸少，人身本為天地生，
回歸宇宙自泰然。生死之謎雖未解，別有洞天暗暗生，
觀看世界角度改，從此旅程再開展。

　　　　　見山是山生活樂　　見山非山想修行
　　　　　誰知此心幻大千　　見山還山樂生活

謹以此共勉。

附錄

如何閱讀靈界訊息

　　靈界訊息通常是透過特定人士轉述，其「真實性」與「實用性」總令人存疑。我們先假定它是真實的，那它是如何與人溝通呢？

　　靈魂之間的溝通想必不是使用語言文字，而是心電感應。當一個意念形成時，就有腦電磁波的散發，只是此時尚微弱。但若想了又傳達了，那電磁波就會放大能量而發射出，而收到的人就可以將之轉譯而出。由於每一個靈體的成長體驗與識種或多或少不同，因此縱使收到相同的電波，所轉成的語言與文字也會不同。而且有時腦中也會自動演戲，因此也會多少加油添醋而失真。

　　因此，不論是通靈的、靈通的、乩童的、扶鸞的……，甚至人與人之間溝通，都要注意失真與錯解的可能性。

　　在我所涉獵過的東西方靈界訊息中，《大道系列》的內容最多也最豐富，但念起來最辛苦，最不通暢，常常會覺得不知所云，因此有需要特別來研究，是否其溝通方式與其他者不同。依我的經驗，若能用心靈看，不單用頭腦看，會較輕鬆。所謂心靈看，就是去感覺每一個字或詞的能量場，達到眼中有字，心中無字的心靈按摩效果，較能體會其意境的流轉。因此我將閱讀靈界訊息的心得整理成下表供參考，其中《大道系列》應屬第五類。

種類	靈界輸出無形		通靈者轉譯成有形		閱讀者解讀
1	借竅──意識流──顯意識──語言或文字		被借竅如睡著般，無知覺產生語言或文字		語言或文字──顯意識
2	意識流──顯意識──語言或文字		語言或文字		同上
3	意識流──顯意識	電磁波	顯意識──語言或文字	視覺或聽覺	同上
4	意識流		意識流──顯意識──語言或文字		同上
5	意識流		意識流──文字		文字──初期顯意識──電磁波──意識流──顯意識

　　然而，就算是直接用心靈來閱讀大道系列，仍然會有不通順的地方，有時覺得重複冗長，有時覺得跳躍性思考太過，像是閒聊般會隨時空變化話題，又像是做夢般場景變幻莫測，極度挑戰一般人的思考習慣，讓人不由自主的產生茫然、煩躁，自然就念不下去了，總要閉目休息一下，才能再

重拾書本。又也許這種現象表示心放得還不夠開，因此閱讀者若能完全放下，可能會進入最深層記憶區——八識田中，體會到意識流的真實狀態，真的是這樣嗎？抑或這只是通靈者轉譯過程中，必然會發生的侷限。怎麼辦呢？我的選擇是靜下心來看，舒服的看，看多少算多少，隨其神遊好了，遊不動的就跳過去，不特意去歸納、去建構、去思考，只要多去感覺幾次就好了。最重要的是，看了以後，生活要能改善才是正道。

另外，近日也發現，所謂的冗長重複，似乎是由下意識中鋪敘出意念的自然流程，因此每一句話都是由當下最深處流露出來，都有源頭能量，有灌溉作用，也有深耕作用，可使識種成長與串連得更成熟，而不是負擔與累贅，關鍵在於你是「用頭腦看」還是「用心靈覺」，試想想有些歌曲為什麼令人百聽不厭，因為你聽到的是靈性的感動，是能量的餵給與調和。因此，一本用靈覺寫的書，若是用頭腦看，受益可能有限。

此外，尚須注意，不只人間有很多無明的事物，靈界想必也有不同的難題，生存在宇宙中，本來就是永無止境的學習。因此，所有的語言文字都是宇宙的產物，都是參考性質的，都需要參悟和考證，其目的就是讓我們更貼近於快樂的真理，不陷入崇拜，也無需去責難，隨時保留一顆包容、

學習的心，否則將造成自己與他人的痛苦。真理是一切事物
變化的道理，但快樂的真理才是我們的家鄉。

參考資料

1. 《論語》

2. 《道德經》、《老子清淨經》、《老子西昇經淺釋》（馬炳文 註）、《黃帝陰符經》。

3. 《六祖壇經》、《金剛經》、《心經》、《維摩詰所說經》。

4. 《王鳳儀言行錄》、《了凡四訓》、《大千圖說》、《廣欽老和尚開示》、《虛雲老和尚傳奇故事方便開示》、《禪林珠璣》。

5. 《混沌學》（奇異吸引子；蝴蝶效應）

6. 《分形學》（碎形幾何；自相似）

7. 《心理學》

8. 《解剖生理學》

9. 《黃帝內經》

10. 《人體使用手冊》、《人體復原手冊》吳清忠　著

11. 《腦內革命2》春山茂雄　著

12. 《身體密碼》戴比·沙皮爾　著

13. 《氣的樂章》、《水的漫舞》、《氣血的旋律》王唯工　著

14. 《漫畫般若心經》桑田二郎　著／簡美娟　譯

15. 《宇宙能量的驚人療效》江晃榮　著

16. 《深層溝通與靈魂對話》林顯宗　著

17. **鸞書** /

· 《虛空會上王母娘娘養正真經》、《虛空無極天上王母娘娘消劫救世寶懺》、《虛空無極天上王母娘娘消劫行化寶懺》、《瑤池金母普渡收圓定慧解脫真經》、《玉皇心印妙經》、《玉皇普渡聖經》、《太上無極混元真經》、《太玄真一本際妙經》。

· 《洞冥寶記》、《蟠桃宴記》。

· 屏東道一宮至釋堂：《道鐘警明》。

· 聖德雜誌社：《天堂遊記》、《地獄遊記》、《達摩指玄寶錄》、《七真修行史傳》、《幸福之道》、《司命之光》。

· 拱衡雜誌社：《末劫收圓上理天》、《萬心自在論》、《紫陽關遊記》。

· 帝教出版社：《新境界》、《天堂新認識》、《靜坐要義》（涵靜老人　著）。

· 崇心雜誌社：《大道系列叢書三十六冊》。

· 鸞友雜誌社：《天道奧義》、《道心祕藏》、《大道續詮》、《皇母指迷篇》、《大道心德》、《瑤池聖誌》。

- 台北協德宮：《復性真詮》、《修真通鑑》。
- 台中聖天堂：《逍遙談》、《健康長壽十祕訣》、《長生不老靜坐法》、《道德經清淨經白話註解》。
- 台中豐原懿敕賢義堂：《修之障》。
- 高雄市修身社養性堂：《三界傳真》。
- 慈恩宮：《玉律真機》。
- 高雄至炎堂、明性堂、至德堂合著：《聖林》（鸞鳴、鸞啼、鸞叫）。

18. 通靈書《賽斯書》

19. 通靈書《與神對話系列》

20. **網路 /YouTube/**

- 社團法人大道真佛心宗教會 大道天書講座
- 華藏衛視 HZTV 淨空法師講座
- 李哪吒 九華靈學院課程
- 靈性科學系列 1 ～ 22
- yuivy01,2011.4.28 靈性的實相（探討靜坐與靜坐的體驗）
- 777ALAJE Pleiadian Alaje 昴宿星人訊息

· 巴夏 Bashar 通靈系列

· 工作室遨遊 ,2014 · 1 · 14 建立 / 巴登多傑　演講，於尼泊爾

· suckchu,2010 · 11 · 25 建立 / 印度奇人 70 年不吃喝，科學家認有可能

· Lee　Vincent,2011 · 11 · 1 建立 / 人體身心靈科學：台大校長李嗣涔主講

· 非營利組織與行動主義 ,2013 發布 / 覺醒字幕組：內在與外在的聯繫（Akasha；螺旋；蛇與蓮花；超越思維）

大道系列作品

第 01 冊 大道心燈

這是大道系列叢書的起源,將眾生蒙蔽的心燈點亮,照見所有無明障礙的困擾。再度點燃自己心燈的光明,照亮內心千年的幽暗,整系列的主體架構,皆由此而延伸。

第 02 冊 大道天德

上天的德澤是什麼?有情眾生在初生緣由之後的無為創造,開創了演化過程的未來,並了解「心經的總體精華」。正是把《般若波羅蜜多心經》,做另一層次提昇並彰顯。

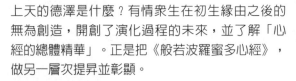

第 03 冊 大道回歸

人由何而來,又要歸向何處?您了解嗎?在本書中,能了解我們在天上有個家,才是我們的原始故鄉。必須了解人世間的障礙無明?再提昇自性佛性,才有自體能量的成長超越,並圓滿回歸。

第 04 冊 大道真詮

什麼是真詮呢?在人世間當中,可以了解因果局限,以宗教修持的思想觀念作教化,不可固執自己所信仰的宗教,是天下第一,其他宗教不可信之。這已經背離上蒼公正平等的真理詮義。

第 05 冊 大道規範

人生的目的是什麼？除了自己的生活作息，還可實行菩薩道。每個人都是犧牲奉獻了一己力量，集合為全體的大力量，捨己成全創造進化的提昇。如何將自己佛性來彰顯，並降伏心魔及魔性。

第 06 冊 大道諦理

諦理是比道理及真理有更高層次，在天地一切皆是借用、借看、借擁有而已。有誰能長久永存嗎？體證地球空間的一切，正是：「山河為主，人為客」，人世間的存在只是輪迴的過客而已。

第 07 冊 大道佛心

佛心是什麼？佛心要如何具足？如何將「貪、瞋、痴」三毒，來轉換三善諦。了解眾生若無貪，就沒有目標，若無瞋，就沒有動力，若無痴，就沒有持恆，就是角度不同，同時也是真實理諦。

第 08 冊 大道明心

明心要做什麼呢？一切的善惡造作，未來皆會有好壞福禍的報應及報償。必須明白「心」的功能作用，不要誤用了，在靈魂的本質中，如何善用此心及三魂七魄的淨化提昇。

第 09 冊 大道見性

性體是什麼？什麼叫做見性呢？只要是眾生，皆有性體能量，如何在性體中來點燃心燈？而佛性種因及魔性種因的本質是什麼？能了解性體是什麼，就可以駕馭著性體因質。想明白竅門嗎！

第 10 冊 大道心法

心法的本質是什麼？人世間是可以具足五神通，但無法具足漏盡神通。明晰靈山通靈相互接觸的過程，但其不足欠缺錯誤是如何？要如何化解，改變成就？有興趣來探討嗎？歡迎您！

第 11 冊 大道演繹

演繹是什麼？天地同人類眾生的演繹，正是息息相關，是對天覆地載的公平性。傳承後代子孫生養教育，創造幸福家庭，如何齊家治國平天下，是成就眾生的生存安適以及福祉綿遠久長。

第 12 冊 大道有情

有情眾生在無明中造下很多因果業障。各人因緣果報不同，又善惡好壞形成福禍的因果報應，也就如影隨形跟隨著每一位眾生。形成造冤者及受冤者，兩人的恩怨永不休止，告訴您化解的方法。

第 13 冊 大道一貫

一以貫之正是儒家理諦所成全，如果能深切了解，將是眾生回歸的基本過程。這不是一般信仰者能明白的，需要有大根器者，方能體會當中的奧祕，很想了解嗎，歡迎來挖寶。

第 14 冊 大道虛空

宇宙整體相當浩瀚，為何當今科技能有這麼文明，正是宇宙天界的慈悲恩澤所下化成全。能了解咱們所居住地冥星的空間，為何在當下科技，有這麼文明進化的原因，在哪裡嗎？

第 15 冊 大道無極

承領無極旨令者，可以了知自己承領的使命是如何？道教體系中，是較著重「無極」，一般人很難達到此層次，而往往強名借用「無極」來標榜自己所不足。

第 16 冊 大道昊天

宇宙、虛空、無極相互串連，下化生命起源於此地冥星當中，也叫做啟明星系，在原靈生命的初生，作基因本質的篩選優生基因，分門別類。

第 17 冊 大道崇心

崇心又是什麼,要崇何心?在崇心的基礎架構,是從心做起、再重新出發,把大道基本德澤的科技文明,對人類眾生作傳播未來科技的顯現功能效益。

第 18 冊 大道燃燈

為何要燃燈,又燃燈的條件及心法是如何,該如何來推廣,必要先由崇心做基礎架構,能從自己內心開始才能有作為,可以重新再出發。

第 19 冊 大道光明

大道為何有光明的條件及德澤是如何,在潤生中要有通貨的具足。然而通貨取擷各人的福報,以及不同行業收入,是決定人類眾生的福報及通貨多寡,又來自於何處,該如何獲得?

第 20 冊 大道真如

真如是什麼?「真如」同人世間有相互關連嗎?真如是有情眾生每一位都具備的因質,是佛性與魔性之差別。「佛性真如及魔性真如」,同「靈性真如」的種因,會有什麼不同?

第 21 冊 大道天地

大道與天地有關連嗎？有情眾生生存在此天地中，一切的生活供給，都是由其他人提供食物鏈的組合，才有事務鏈的接續。

第 22 冊 大道先天

天地演化的過程，同人世間的生活正是息息相關，又先天是什麼，對五教的神通力道又是如何，在未有地球人類眾生之前，就早已存有先天世界。

第 23 冊 大道德澤

德澤的定義及架構作為是如何？有情眾生在生存當中，每一位都必會承受的恩惠。一、天地蓋載的恩惠，二、日月普照的恩惠，三、國土護佑的恩惠，四、師長教育的恩惠，五、父母養育的恩惠。

第 24 冊 大道眾生

眾生與大道正是息息相關，有情眾生的先天秉性不良，就會有不同的生活習性。造成難以修整的障礙。要了解眾生「自性自渡，佛不能渡」，崇心演義的使命，是科技文明創造福祉利於人類眾生。

第 25 冊 大道因果

讓您明白因果與眾生之間，在人世間的恩恩怨怨，父母養育恩澤、兄弟姐妹及伯叔妯娌之間親人眷屬，正是自己前世的恩怨、善惡所導致的福禍關係！

第 26 冊 大道綱常

三綱、五常、四維、八德正是人之根本，中土的人道世界，是以此維繫著人倫道德的依附，又以儒家的道統，在人類眾生傳承後代子孫的延續。

第 27 冊 大道倫理

不分別任何國度、宗教、派脈，對人世間倫理綱常，有相互性的提昇人道世界來依歸，是把人倫道德作相互的依持，讓有情眾生進入人道世界之後，能有道德依附的成長。

第 28 冊 大道天音

大道者之主體，是以人道世界的生活準則為依歸，此其中對當今世代的有情眾生，提昇自己的原靈能量，同當代科技相輔相成。

第 29 冊 大道同源

現今，我們一直處在災難頻繁的時代，無法明白下一刻會有何種災難，所以難以放下心中的掛礙，雖然表面上不動聲色，其實內心難免會有一種恐慌，只是災難尚未來臨前，也就過一天算一天。

第 30 冊 大道唯識

上蒼德澤，崇心仙佛慈悲開示：新唯識學理諦人類眾生不分別有入宗教或不入宗教的人，每一日當中都在應用功能作潤生必須性，如何由每一件事情的行為動作，能有很如實的受益，佛家的唯識。

第 31 冊 大道杏壇

人類眾生每一日都在應用，所有日常生活的一切，但卻不能了知，在每一日所用的名相是如何？而形成對每一個人在生存當中，都沒有觀念對生活種種的名相來了知？也變成有很多的問題一直發生。

第 32 冊 大道天下

宇宙星系有很多先天的氣體，動力科技天地氣體的具備，氣動能量體正是清晨的能量最溫和，就有了對自己在清晨時，必要好好吸一口清新空氣，自己在「停止的時空」因緣，慢慢地消逝於整個身體中，而不是一下子就消散。

第 33 冊 大道自性

可由「密碼、色澤、分數、能量」這四者來瞭解，萬靈蒼生來具備的一種叫做靈性，也叫做是自性，「能量體」所具備「靈光體」的具足，以及「能量體」的差別性。

第 34 冊 大道心宗

古人言：糟糠之妻不下堂，也就是上蒼的條綱；現今人所言：好的妻子不可棄離，必要好好珍惜，大家能感受「母性光輝」有多麼的偉大。

第 35 冊 大道真理

大道真理——睿智，如實剖析整體奧祕，人們對宗教信仰都期盼能一世成就，皆形成修持者眾，但是成道者稀，也甚難達到目標，其實修持應在日常生活中，才會有真正實際改造。

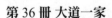

第 36 冊 大道一家

你一生正是服務大家，同時大家也服務於你，每個人更把「小家安適」後，再來由自己「中家修持」後，形成在於「大家弘化」，也都可大可小，就觀你願力有多少？

國家圖書館出版品預行編目資料

心靈財富發現之旅：尋找本來 創造未來 / 陳漢石
著. --初版.--臺中市：白象文化，民105.02
　　面：　　公分.──（天音傳真；3）
ISBN 978-986-358-164-2（平裝）
1.宇宙 2.宗教哲學
323.9　　　　　　　　　　　　　104005099

天音傳真（3）

心靈財富發現之旅：尋找本來 創造未來

作　　者　陳漢石
校　　對　陳漢石、黃釋賢
專案主編　林孟侃
出版經紀　徐錦淳、林榮威、吳適意、林孟侃、陳逸儒、蔡晴如
設計創意　張禮南、何佳誼
經銷推廣　李莉吟、何思頓、莊博亞、劉育姍
行銷企劃　黃姿虹、黃麗穎、劉承薇、莊淑靜
營運管理　張輝潭、林金郎、曾千熏
發 行 人　張輝潭
出版發行　白象文化事業有限公司
　　　　　402台中市南區美村路二段392號
　　　　　出版、購書專線：（04）2265-2939
　　　　　傳真：（04）2265-1171
印　　刷　基盛印刷工場
初版一刷　2016年2月
定　　價　200元

白象文化　印書小舖 PressStore 出版經銷部　出版・經銷・宣傳・設計
www.ElephantWhite.com.tw　f 自費出版的領導者　購書 白象文化生活館